U0189576

User Experience Research
Discover What Customers Really Want

用户体验研究

发现客户真正想要什么

［美］马蒂·盖奇　　［美］斯宾塞·默雷尔　　著
（Marty Gage）　　（Spencer Murrell）

程琳 译

中国科学技术出版社

·北京·

User Experience Research: Discover What Customers Really Want by Marty Gage and Spencer Murrell, ISBN:9781119884217

Copyright © 2022 by Lextant Corporation.

All Rights Reserved.

This translation published under license with the original publisher John Wiley & Sons, Inc.

No part of this book may be reproduced in any form without the written permission of the original copyright holder, John Wiley & Sons Limited.

Simplified Chinese translation copyright © 2024 by China Science and Technology Press Co., Ltd.

北京市版权局著作权合同登记图字：01-2023-1402。

图书在版编目（CIP）数据

用户体验研究：发现客户真正想要什么 /（美）马蒂·盖奇（Marty Gage），（美）斯宾塞·默雷尔（Spencer Murrell）著；程琳译 . -- 北京：中国科学技术出版社，2024.8

书名原文：User Experience Research：Discover What Customers Really Want

ISBN 978-7-5236-0673-5

Ⅰ.①用… Ⅱ.①马… ②斯… ③程… Ⅲ.①人机界面—程序设计 Ⅳ.① TP311.1

中国国家版本馆 CIP 数据核字（2024）第 087542 号

策划编辑	何英娇　王碧玉	封面设计	今亮后声
责任编辑	高雪静	责任校对	焦　宁
版式设计	蚂蚁设计	责任印制	李晓霖

出　　版	中国科学技术出版社
发　　行	中国科学技术出版社有限公司
地　　址	北京市海淀区中关村南大街 16 号
邮　　编	100081
发行电话	010-62173865
传　　真	010-62173081
网　　址	http://www.cspbooks.com.cn

开　　本	710mm×1000mm　1/16
字　　数	188 千字
印　　张	16.25
版　　次	2024 年 8 月第 1 版
印　　次	2024 年 8 月第 1 次印刷
印　　刷	北京盛通印刷股份有限公司
书　　号	ISBN 978-7-5236-0673-5 / TP·481
定　　价	98.00 元

（凡购买本社图书，如有缺页、倒页、脱页者，本社销售中心负责调换）

献给 ● ● ●

在莱克坦特公司（Lextant）工作的同事们，以及想了解如何规划用户研究的大家。

贾斯汀·盖奇（Justine Gage），在过去的17年里，她为定义和完善这一研究方法做了许多努力。

金·默雷尔（Kim Murrell），感谢她对我们的激励和支持。

在此对美国萨凡纳艺术与设计学院表示衷心感谢，我们在一些课程以及认证计划方面的合作，构成了本书的基础。

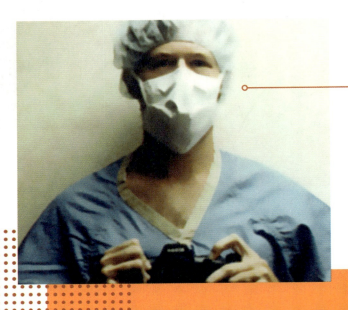

马蒂·盖奇
(Marty Gage)

设计研究

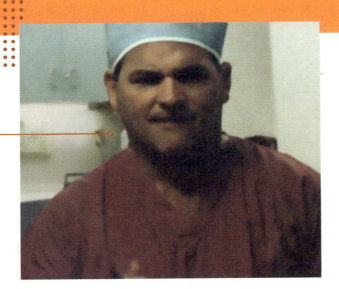

斯宾塞·默雷尔
(Spencer Murrell)

洞察力落地

序

　　早在20世纪80年代，我还在读设计学校时，教授就告诫我们，大约有半数的新产品在上市时都会以失败告终。当时的我还以为这是教授们鼓励学生尽力寻找好的营销策略的托词。他们当时给出的唯一一条建议是将终端用户置于设计过程的中心。

　　40年过去了，这个数字几乎没变。一些研究甚至表明，现如今新产品上市的失败率更高了。

　　经过不懈的努力，我跟马蒂研究出了一种提高新产品上市成功率的方法。我们将艺术与科技深度融合，以解决产品设计师在着手进行一个项目时面临的关键问题：怎样才能让产品与终端用户建立起积极的情感联系？

　　这项研究相当复杂，但现在我们可以自信地描述产品的设计过程及其在用户体验中起到的作用。

　　我们将在本书中向大家介绍我们的研究理念以及研究流程，以助力你们在职业生涯中取得成功。

CONTENTS

概述

设计思维过程

首先，我们假设您对"设计思维过程"有所了解。整本书的内容会涉及设计思维过程的第一阶段——共情。

第一步举足轻重，因为它是接下来一切的基础。如果您不希望把时间和资源浪费在没有意义的想法上，那么千万不要忽视第一步的重要性。

设计思维过程的
五个阶段

　　斯坦福大学哈索·普拉特纳设计学院提出了设计思维过程的五个阶段，并将其用于解决复杂问题。

共情

定义

构思

原型制作

测试

成功用户研究的六项原则

这些原则能够帮助您进行高效思考，并选择正确的研究方案。

从这六项原则出发，您能够了解客户的真实需求，让沟通变得更加清晰有逻辑、内容更具吸引力，并适时围绕亟待解决的问题对团队做出调整，找寻解决问题的最佳方案。

六项关键原则

相关
明确您的设计目标，即预期商业目标或社会效应，在此基础上使设计目标相关联。

远见
了解人们对未来的畅想。

全面
思考角度要全面，建立用户和产品的情感联系。

严密
以真理和现实为基础，力求将偏差降至最低，利用可重复流程来识别数据中的模式。

操作
明确亟待解决的问题，以一种直截了当的方式来激发创造力，向用户介绍它的使用方式。

可视
利用图像吸引用户，讲述用户故事，生动地描述您要解决的问题。

本书使用指南

　　本书旨在帮助用户体验研究从业者熟悉设计思维过程的第一阶段——共情。为了更系统地呈现书中内容，全书格式在每章都是统一的。

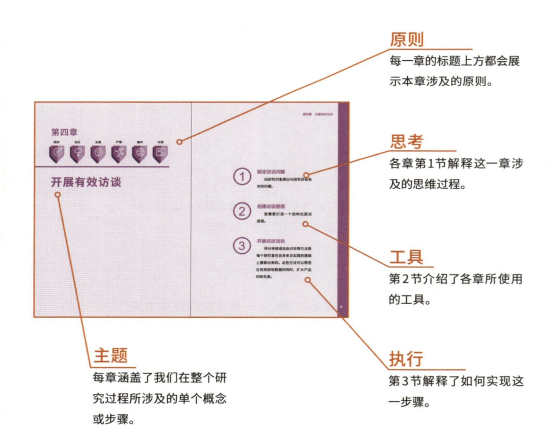

原则
每一章的标题上方都会展示本章涉及的原则。

思考
各章第1节解释这一章涉及的思维过程。

工具
第2节介绍了各章所使用的工具。

主题
每章涵盖了我们在整个研究过程所涉及的单个概念或步骤。

执行
第3节解释了如何实现这一步骤。

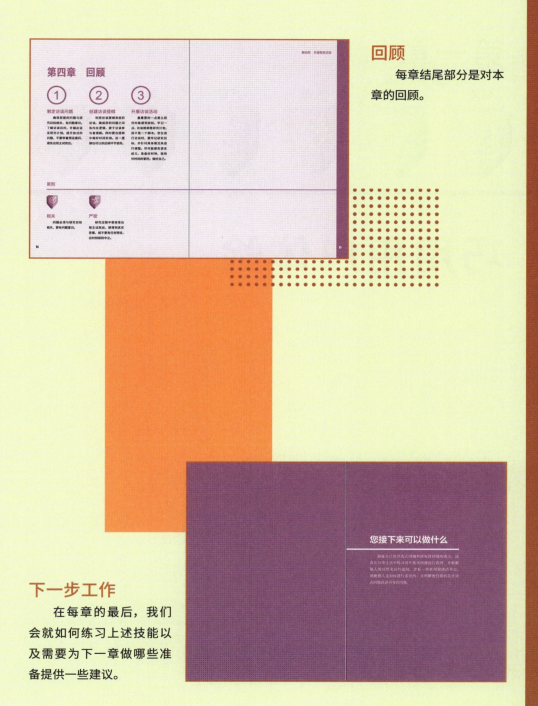

回顾

每章结尾部分是对本章的回顾。

下一步工作

在每章的最后，我们会就如何练习上述技能以及需要为下一章做哪些准备提供一些建议。

第一章

相关   远见   全面   严密   操作   可视

巧用用户体验

① 设计思维：聚焦用户需求

在本节您会了解我们对设计思维过程的一些看法。

② 定义价值：用户真正想要什么

只有把握好客户需求的价值点，销售才能成功。多征求顾客的意见，顾客对产品的诉求能为您的产品增添创意。

③ 理想的体验研究

要知道用户最想要什么、最需要什么。您所做的研究应该是面向未来的、有远见的、可操作的。

设计思维：
聚焦用户需求

设计思维具有广泛性和概括性，可被用于解决多种类型的设计以及商业问题。

正如前文所述，本书聚焦设计思维的第一阶段——共情。第一阶段的内容往往会体现在之后的每一步中。

基于此，我们为设计思维过程中的各个阶段都重新下了定义，以揭示用户体验研究与设计思维过程各阶段的内在联系。这部分内容很丰富。

1 定义价值

首先，您需要挖掘客户的真实需求。只有了解客户的真实需求，您所设计的产品才有可能为客户提供有价值的用户体验。

2 打造团队一致性

团队中的每个人以及利益相关者都必须就客户需求达成一致。达成共识是进行下一步行动的前提。所谓共识就是您的设计将致力于为用户解决的问题，又名设计概要。

3 聚焦创意

挖掘到用户的真实需求之后，您的产品设计雏形大概也就确定了。如果您的研究是可操作的，那么您的想法就会实现。

4 原型测验

您要创造一种可交付成果（原型产品），让顾客可以更直观地体验您的设计。

5 测量价值

对产品进行评估，判断它能否满足用户需求。

定义价值：
用户真正想要什么

　　定义用户的真实需求需要遵循一个固定的流程，这一流程是您的设计可以取得成功的前提。

　　下面的章节将教您在流程的每一步做出正确选择。选择基于六项关键原则。

定义价值

确定目标

　　首先明确您的设计目标，以及为了达成目标需要从用户那里获取何种信息，您的最终可交付成果要能够满足用户的需求（详见第二章）。

制定方法

　　发掘潜在客户，建立用户画像，招募其中部分人员作为您的研究的参与者。

　　选定研究方法，对其进行测试和完善（详见第三、四、五、六、七章）。

展开研究

　　与您的研究伙伴一同展开可重复性研究，注意不要忽略任何有研究价值的数据（详见第四、五、六、七、八章）。

分析数据

　　对数据进行分析，识别数据中的模式，从模型中找到研究主题（详见第九章）。

故事展示

　　创建一个一页的框架，简要地讲述一个故事，展示用户的真实需求。

　　以一个清晰、明了、富有启发性的方式展示您的研究发现（详见第九章和第十章）。

理想的体验研究

理想的体验研究应着眼未来

许多研究者在寻找产品创新的灵感时，着重关注用户当下的体验，但仅仅依赖于时下的用户痛点以及用户壁垒，往往会限制个人的创新能力。

理想的体验能提供创新灵感

在进行产品创新时，我们应从每个人对各自未来的理想期待中寻找灵感，并从中建立起与客户的稳固关系。

理想的体验可被分析和利用

我们可以利用"用户体验剖析框架"将用户体验进行细分，从而深入了解产品设计、服务与用户建立情感联系的过程。

1. 情绪

用户想要何种感觉？

"一种掌控感。"

2. 效益

产品或服务能为用户提供什么？

"让他们感到自在。"

我能全神贯注做我自己的事情，既不耽误其他人的时间，又不给银行柜员添麻烦。

3. 特征

产品怎样为用户带来上述效益？

"为用户提供私人空间。"

它给我提供了隐蔽空间，保护了我的个人隐私。

4. 感官线索

与上述特征相联系的感官线索是什么？

"它位置隐蔽。"

产品利用三面玻璃和一扇门在银行大厅或大厅角落里分隔出一个私人空间。

用户体验剖析框架

　　用户体验剖析框架是用于描述用户体验的一种评估工具，它从情绪、效益、特征以及感官线索四个维度对用户体验进行分析。这些维度能够在品牌设计产品时提供帮助。情绪和效益负责收集关键信息，特征和感官线索负责助力产品设计。

信息

1. 情绪

用户想获得何种体验？

不必担心手机出故障。

2. 效益

怎样让用户拥有这种体验？

手机不会损坏。

设计

3. 特征

产品怎么设计才能实现上述效益？

将其设计成防摔手机。

4. 感官线索

与上述特征相联系的感官线索是什么？

手机外壳由橡胶制成。

1. 情绪

用户情绪是用户体验的核心，是用户在使用产品时的内心感受、使用体验以及情绪表现。

这里强调产品或服务是如何带给人们理想体验的。下面几幅具有隐喻性的图片表达了个人对生活的感受。

为了感性思考，请试着完成以下语句：

我觉得……

放松

都安排妥当了，我不用操一点心。

稳妥

有工具来帮我设置、管理它，这样我就可以在它工作时拥有自己的放松时刻。

其他理想体验的示例：

我觉得……

稳妥	有创造力
很感激	很激动
它吸引我了	可以专注做自己
被照顾了	有掌控感
有关联	被关爱了

骄傲

我想独树一帜，
从人群中脱颖而出。

有掌控感

我可以自由选
择吃什么药。

被治愈了	可以成功	自己勇敢了
骄傲	很专业	充满希望
放松	自信	快乐
被尊重了	刺激	被接受
安全	受鼓舞了	自由

2. 效益

了解用户的心理及用户情绪体验之后，下一步就要探究"为什么"。

用户为什么有这种感觉？怎样改进当前的产品或服务才能为用户提供这种感觉？

什么样的产品可以为用户带来这类情感体验？这部分讲的是产品带给消费者的效益。

下面几幅图展示了产品为用户带来的影响，您需要结合语境来了解详细信息。

为了明确产品的效益，请试着完成下面的陈述：

我想要⋯⋯

顺利开启新的一天

我需要一种能让我身体强健、活力满满、保持健康的营养补充剂。

产品的其他效益包括：

我想要⋯⋯

解决纷繁事务	帮助我所爱的人
为一天做好准备	与朋友欢度时光
扩大我的事业版图	帮助我的家人
与朋友共度时光	为未来做准备
做出健康选择	与他人相处舒适

有所准备

我已经做好准备了。

陪伴家人

餐桌上有我
们每个人都喜爱
的饭菜。我们彼
此之间更加亲近。

关注周围环境	作为客户被重视	以身作则
找到未来方向	自由做我想做的事情	对未来充满希望
舒适	稳定和安全	创造回忆
被照顾	学习新事物	受保护
作为一个人被尊重	提供机会	完善自我

3. 特征

体验分析的下一部分关注的是如何为用户提供上述效益。特征指的是产品或服务的属性或特性，通常是某人使用某种产品的具体使用场景，也是对某物如何运作或您将如何与之互动的描述。

看看下图，思考一下产品有何特征，补全陈述：

它……

很健康

我的配菜补充了主菜中缺少的营养，帮助我平衡了我的膳食。

易于使用

我可以直接上手，无须花时间学习。

其他理想特征实例：

它是……

能快速上手的	有力的
可靠的	有益的
智能的	直接的
奢侈的	高质量的
创新的	私人订制的

耐用

　　它的原材料经得起时间的考验。

是舒适的

　　我可以在那个舒适的地方放松地度过一些时间。

有组织的	使人快乐的	操作简单的
简单的	振奋人心的	有益的
有趣的	不需费力的	被允许的
安全的	能力强的	被尊重的
积极的	无缝的	有效率的

4. 感官线索

感官线索是用户通过感觉器官体验到的产品具体特征。

下面是几幅感官线索的示例图，展示了产品的外观特征以及使用方法。

要理解感官线索，请尝试完成下列陈述：

它……

很健康

配方表里应该列出所含成分，以表明产品具有特殊功效。

是柑橘香调

家居清洁剂经常使用柑橘调香气。

柑橘的味道清爽可人，而且能够掩盖绝大部分异味。

其他感官线索包括：

它……

包装清晰	是纯天然的
是烤制出来的	有警示声
有薄荷味	措辞简单
可以无缝衔接	有分步指令
是有趣的装饰	有自然的装饰图形

有专业的包装

专业的包装能够增加客户的信任心理，用户主观上会觉得产品很可靠。

重量轻、硬度高

任何非必要部分的材料都会被移除或挖空。

简洁、切中要点

消息只用几个词或一两句话。

包装统一	是被加固了的	闻起来像木头
是几种颜色的混合	很厚	手感粗糙
很软	外观独特	有花香
很清香	有乳香	很闪亮
很松脆	易于被看穿	有金属质感

本章回顾

设计思维：聚焦用户需求

定义价值需要根据人们渴望的产品对团队进行调整。用您的创造力去解决与理想体验相关的问题，以体验式沟通的方式来进行原型设计，根据人们认为有价值的东西来衡量点子。

定义价值：用户真正想要什么

利用结构化的流程来定义价值。本书的其余部分都会以这一部分的研究为基础。

理想的体验研究

切身实地去思考您设计的产品是如何给人带来某种体验的。

原则

目标导向

愿望、欲望或人们希望的东西是解剖框架的关键。

整体性

体验剖析框架描述了完整的体验，并将它们与客观事物联系起来。

可操作

感官线索是具体的。

可视

可以用不同类型的图像来分别描述解剖框架。

您接下来可以做什么

坚持在日常生活中锻炼自己的思维能力。想想您所接触的产品、服务、电影在某些场合中给您带来了何种体验？是什么给您带来的这种体验？

第二章

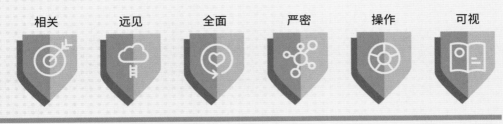

相关　　远见　　全面　　严密　　操作　　可视

选定研究方法

确立研究目标

正如简介部分所述，设计实验是为了实现某项目标（如某项业务成果）。为了设计出能为用户带来良好使用体验的产品，您需要收集各类事物的信息。在这个过程中，您往往会遇到很多问题，如何解决这些问题就是您的研究目标。

明确研究方法

我们将在本节介绍几种获取所需关键信息的途径。

考量可交付成果

在研究结束时确定您想要讲述的故事类型。

确立研究目标

　　让我们从确立研究目标开始。在一项研究开始之前，您必须要明确研究目的。

　　研究成果，换句话说，也就是您要研究的核心问题，与您想为用户提供的理想体验有着密切的关系。回答这些问题能够帮您为用户带来愉悦的体验。

研究目标示例

提供金融服务的手机软件怎样保障用户的金融隐私权。

首次接诊就能够明确患者病灶。

了解小企业的保险、财务规划。

信息种类	定义	设计应用
使用案例	用户使用产品的方式	对设计的使用情境有个清晰的了解
背景	产品的使用环境	了解产品使用方式和使用地点，您提出的解决方案必须排除周围环境的影响
关键时刻	用户在使用某产品或做某事时进行的互动	牢牢把握每一个关键用户触点
使用体验	产品给用户带来的情感体验	确定您的设计可以解决的痛点
步骤	用户在使用某产品或做某事时经历的具体步骤	确保您的解决方案不会产生任何额外影响
态度	对该品类的看法	选择一种合适的方式与用进行讨论
动机	个人做事的目标	理解您的研究目标与所设计产品的相关性
期待	在参与某件事情时，用户所期望的情绪状态	与动机十分相似，要明白人们是因为您的产品具有价值才想拥有您的产品
效益	用户在参与某事时的期望	了解您的解决方案需要提供什么
特征	产品或服务的特征	了解要解决什么问题
感官线索	产品或服务的外观或行为方式（特征）	如何交付您的解决方案

　　确定研究目标之后，下一步您就要着手获取以下几类信息：使用案例、背景、关键时刻、使用体验、步骤、态度、动机、期待、效益、特征以及感官线索。

　　每种类型的信息对产品设计而言都是至关重要的。记住一点，只有确定了具体的行动方向，您才能进行下一步行动。上述几类信息能够帮您确立研究目标，并将其进一步分解为更易理解、可实现的几个独立部分。

明确研究方法

　　您需要选定一种合适的研究方法，从而获取有效信息。研究方法是您在获取有效信息时所使用方法的集合。熟悉每种信息是如何被用在产品设计上的，有助于您将研究目标与研究方法联系起来。

研究方法可以细分为三个要素[①]:

1. 人们说了什么？
2. 人们做了什么？
3. 人们制作了什么？

您可以通过访谈和问卷调查来获取用户意见；通过观察和自我记录法来了解人们正在做什么；通过向他们提供自我表达工具，把握他们此时此刻的行动。

研究方法多种多样，关键是每种方法都能提供不同种类的信息。您与人们就什么话题展开对话能实现您的研究目标？用您的研究方法在后续对这些对话进一步分析，会得到最终的研究结果。

切记，您从人们那里得到的信息必须是有效信息，是可利用的信息。您在选择方法和进行访谈时要牢记您的目的：①为您要解决的问题下清晰的定义；②确定解决方案的交付方式。

研究方法分为四个部分

	体验	目标产品
当下状态	用户现阶段使用产品或服务时的体验如何？	产品怎样为用户带来这种体验？
理想	用户对产品或服务的期待。	怎样改进产品以满足用户的预期体验？

---

① 桑德斯，《融合视角：20世纪90年代的产品开发研究》（*Converging Perspectives: Product Development Research for the 1990 s*）。

　　一项研究的研究对象的体验往往分为两类：现阶段的体验和理想体验。用户的当下体验可以为您提供创新机会，用户的理想体验可以帮您了解用户需求。这两种信息都有价值，但是用户的理想体验能为您提供可操作的信息。

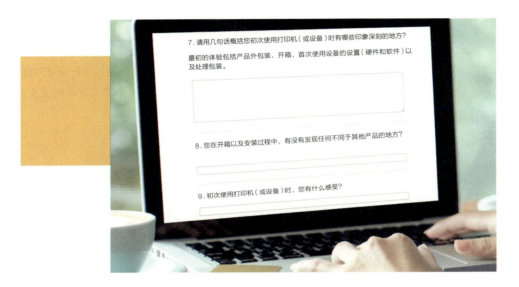

开放式在线问题

　　开放式在线问题可以向您提供用户对于这一产品品类的态度和信念。您可以对这些问题进行实时调整，以适应对用户当下体验和理想体验的研究。

态度和信念：

· 您对……有什么感觉？

· 您对……有什么想法？

· 您更喜欢哪一个？

· 您喜欢它哪一点？

· 您不喜欢什么？

背景信息：

· 参与者是谁？

· 您用什么工具？

· 哪些信息是重要的？

· 您在哪里？

流程图

流程图可以按照时间顺序，将一个流程的步骤用图表示出来。

其中包括了个人或团队所经历的步骤、所使用的工具和信息，以及其中所涉及的对象。

自我记录法

自我记录法能让人们随时记录下对他们而言有意义的关键时刻。

如果研究对象是单个的人，研究场景比较私密，或者观察者不在场，您就可以使用自我记录法。这种方法能够记录时长跨越几个星期的数据，比对同一个人进行多次观测要高效得多。

旅程地图

用户旅程地图按时间顺序记录了用户经历的某些关键时刻。它可以有效地把握用户当前体验和理想体验之间的关系。

人种志研究方法①和情境探究

人种志研究方法和情境探究能够帮您理解情境、痛点、旅程或产品使用过程。

① 人种志研究方法的核心是参与观察。人种志研究本质上具有综合性和整体性，同时又非常具体，细节丰富。
——编者注

用户体验拼贴

　　体验拼贴法指的是将用户当下的体验记录下来。这是一种在整体层面识别用户痛点和了解使用情境的一种非常高效的方法。拼贴法会关注某些产品品类能为用户带来何种体验。利用拼贴法，您可以找到改善用户体验的机会。

共创或参与式设计

　　共创或参与式设计作为一种创造性的方法，可以通过让用户参与设计过程来解构用户的理想体验。在参与式设计中，用户能够按照他们想要的体验去设计产品。这一方法可以让用户本人为您提供理想的解决方案。当理想的产品涉及步骤或过程时，这种设计方式也可以被应用于构建旅程地图。

信息种类	定义	设计应用
使用案例	用户使用产品的方式	对设计的使用情境有个清晰的了解
背景	产品的使用环境	了解产品使用方式和使用地点，您提出的解决方案必须排除周围环境的影响
关键时刻	用户在使用某产品或做某事时进行的互动	牢牢把握每一个关键用户触点
使用体验	产品给用户带来的情感体验	确定您的设计可以解决的痛点
步骤	用户在使用某产品或做某事时经历的具体步骤	确保您的解决方案不会产生任何额外影响
态度	对该品类的看法	选择一种合适的方式与用进行讨论
动机	个人做事的目标	理解您的研究目标与所设计产品的相关性
期待	在参与某件事情时，用户所期望的情绪状态	与动机十分相似，要明白人们是因为您的产品具有价值才想拥有您的产品
效益	用户在参与某事时的期望	了解您的解决方案需要提供什么
特征	产品或服务的特征	了解要解决什么问题
感官线索	产品或服务的外观或行为方式（特征）	如何交付您的解决方案

研究方法

自我记录、情境调查

自我记录、情境调查、体验拼贴

自我记录、情境调查、旅行地图

自我记录、情境调查、体验拼贴

自我记录、情境调查、流程图

开放式的在线问题、访谈法

开放式的在线问题、访谈法

开放式的在线问题、访谈法、体验拼贴

访谈法、体验拼贴

访谈法、共同设计、拼贴材料包

共同设计、拼贴材料包

最好的研究方法往往是多种研究方法的组合。例如，使用"自我记录 + 体验拼贴 + 共同创作"来描述产品使用情境，以此来实现对用户痛点以及用户未来渴望的理解，并明确下一步研究方向。

无论选择哪种方法，该方法都必须以一种可操作的方式来实现您的研究目标。这个图表显示了不同类型的信息是如何被利用的，以及哪些方法可用于获得该信息。

研究完成之后，您需要讲述用户故事。我们将在后续章节对此进行更详细的介绍。

考量可交付成果

　　您在确立研究目标以及思考如何达成这些目标的同时，需要在前期考量可交付成果。可交付成果指的是在某一过程、阶段或项目完成时，产出的任何独特的并可核实的产品、成果或服务。这关系到您怎样讲述用户故事。我将在第十章中花更多时间讨论用户故事的重要性。就目前而言，重要的是在开始研究时就设想您预期的可交付成果。在某种程度上，您的研究目标和可交付成果是一致的。为了让大家了解可交付成果，下面我会介绍一些常见的可交付成果类型。

用户画像

　　用户画像是指根据用户属性、偏好、生活习惯、行为等信息而抽象出来的标签化用户模型。一个好的用户画像能够让研究者更清楚地明白用户需要什么，以及您需要为他们做什么。用户画像的生成是在研究基础上自然而然生成的，而非捏造。

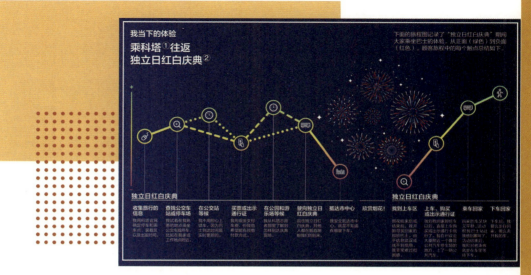

用户体验地图

　　用户体验地图利用图像化的方式，呈现用户为实现某个目标而经历的过程，以及其在每个阶段的行为和感受。它用于了解用户的需求和痛点，会让产品设计者对用户流程及体验有更直观的了解。

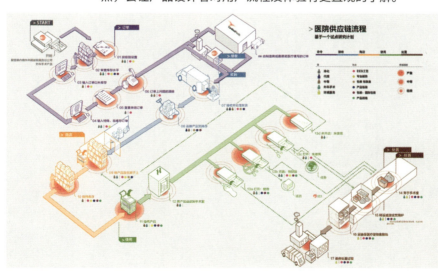

程序或流程图

　　程序或流程图描述了整个实验流程。

① 科塔：指俄亥俄州交通局，它是美国俄亥俄州中部地区的一个公共交通机构，提供包括巴士和其他形式公共交通服务。——译者注

② 独立日红白庆典是美国一些地区庆祝独立日（7月4日）的活动名称。这个活动通常包括烟花表演、音乐会、游行和其他各种庆祝美国独立的活动。它是一种展示爱国主义和国家团结的方式，吸引了大量民众参与。——译者注

下表是每种可交付成果所需要的信息种类：

信息种类	用户画像	用户体验地图	程序或流程图	理想流程图	理想体验模型	感官线索框架
使用案例	X		X	X		X
背景	X	X	X	X	X	
关键时刻		X		X		
使用体验	X	X	X		X	
步骤	X		X			
态度	X					
动机	X	X	X	X	X	
期待	X			X	X	X
效益	X			X	X	X
特征	X				X	X
感官线索						X

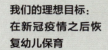

我们的理想目标:
在新冠疫情之后恢
复幼儿保育

该模型描述了家长和工作人员所定义的理
想的儿童保育流程。其中概述了相关情感
体验以及提供这种体验的好处

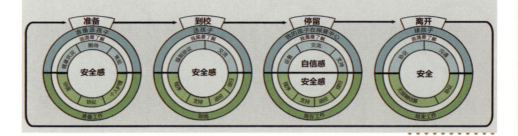

理想流程图

理想的流程图会以时间顺序来呈现用户想要拥有的体
验。用户流程的跨度通常比大多数公司想象的要大。

理想体验模型

理想体验模型以框架形式
将用户希望获得的情感体验和
利益可视化。确定用户的理想
体验意味着您已经确定最终需
要实现的目标。

感官线索框架

感官线索框架根据用户对产
品或服务的外观、行为和感觉的
期望提供设计方向。

本章回顾

确立研究目标

您在研究中可以获得各式各样的信息，关键是要考虑哪类信息有助于您实现研究目标。

明确研究方法

每种研究方法都会产生特定类型的信息，您的研究方法是依照研究问题选择的。

考量可交付成果

您选择的研究方法会影响成果类型，应在研究前就确定好预期的可交付成果，从所得信息中筛选出有利信息。

原则

相关

研究产出应该与您的最终目标有关。

可视

提前规划好可交付成果。

您接下来可以做什么

在设计产品之前，您应考虑产品的用户或潜在用户可能遇到的问题，并把这些问题列成一个清单。

第三章

相关   远见   全面   严密   操作   可视

寻找目标用户

① 确定参与标准

　　首先要明确产品的目标受众，合适的研究对象才能够证实研究的可信性。

② 创建筛选机制

　　创建一个筛选机制，以此来确定某人是否属于产品的目标受众和合适的研究参与者。只有选择合适的研究对象，才能保证您可以获取有用的信息。

③ 找寻参与对象

　　构思一个合理计划来发现适合的研究对象。

确定参与标准

　　研究的第一步是确定筛选研究对象的标准。我们在下面为您提供几个标准以供您参考。

统计数据

使用诸如年龄、性别、种族、收入、家庭成员、教育水平、职业等与人口统计学相关的数据对研究对象进行区分。尽可能扩大研究范围以获得多方面的信息。

品类参与度

品类参与度指的是人们实际购买和使用产品的情况。熟悉这一品类是用户分享使用体验的前提。

态度与心态

用户的态度或者心态反映了他们对这一品类的看法。如果您想研究鞋类消费品市场，那么您需要基于消费者购买目的进行市场细分（例如球鞋发烧友和只考虑价格的消费者）。

再比如，生产口腔护理产品的公司会根据不同顾客的需求进行市场细分，这些需求往往包括：

（1）更关心牙齿美白效果。

（2）更关心口腔健康。

进行研究之前，要先明确自己更关注的是哪一类顾客的需求。

表达能力

应确保研究对象拥有正常的表达能力，这样您才能得到有效回答。可以让他试着形容一样东西，看他的回答是否明确。例如，让他们在不说出食物名称的前提下描述他们最爱的食物。

条理清晰的回答范例如下：

"我最喜欢的食物有新鲜的叶子，用它们蘸些醋，再搭配上新鲜水果，味道好极了！"

创建筛选机制

研究对象筛选机制由一系列问题组成，这些问题可以帮您确定选中的参与者究竟是不是合适的研究对象。每一个问题都能帮助您筛掉一部分参与者。

在构思用来筛选参与者的问题之前，先思考一下，您的研究对象是什么样的人？从人口统计学、态度和品类参与度方面对他们进行分析的同时，还应把选择研究对象的范围尽可能扩大。您的研究范围越广，产品的受众市场就越大。

确定了理想的研究对象后，就要进一步考虑如何排除无效参与者（排除对象）。排除特定人群是为了消除偏见，例如，您在做鞋品类的相关研究时，不希望有业内人士（鞋类设计师或在鞋店工作的人）参与进来。因此您需要在第一步就筛掉他们。要斟酌好问题顺序，将这一筛选问题放在过滤机制的开头。把每个问题都看作是一个过滤器，从大的方面问起，然后在必要时缩小范围，将参与者进行细分。

筛选参与者时所提的问题应该是封闭式问题，要让参与者从预先设置好的答案中做出选择，这样您就可以高效地获取他们的信息，并确定他们是否满足您的研究对象的筛选标准了。

无论您最终决定使用筛选机制还是其他方法来评估潜在的参与者，您都必须要在每一步将问题解释清楚，以确保他们是合适的研究对象，并邀请他们参与您的研究。最后，不要忘记通知他们研究时间和研究地点。

您可以把筛选机制看成是您与潜在参与者之间的访谈脚本。我们会在下一页为您提供一个典型的筛选指南。

我们是一个研究消费者购物习惯的团队，正在做一项用户理想购物体验研究，在此寻找有兴趣参与访谈的消费者。

招募标准

我们准备招募10名当地居民作为参与者。参与者将被分成两组：

购物狂人（每周购物三次及以上）

周末勇士（每周购物一到两次）

·50％的购物狂人和50％的周末勇士的组合

·不区分性别和种族

·没有从事营销或研究行业

·您必须通过以下几项问题的筛选：

您是否使用以下任何一种数字钱包？

a. 苹果钱包

b. 谷歌支付

c. 苹果支付

d. 安卓支付

e. 其他（请写下来）_____

f. 不使用数字钱包（感谢您的参与，访谈到此结束）

您的年龄是？（各个年龄段都需要纳入其中）

a. 未满25岁（感谢您的参与，访谈到此结束）

b. 25～34岁（最少5位）

c. 35～44岁

d. 45～54岁

e. 55～65岁

f. 66岁以上（感谢您的参与，访谈到此结束）

我喜欢思考，与他人谈论理论和猜想、梦想和哲学、信仰和幻想，生活中所有的"为什么"和"如果"。

a. 我非常认同这句话

b. 我有点认同这种说法

c. 我不认同这种说法

如您通过了筛选，我们想邀请您参加一个60分钟的采访，以深入了解您的购物习惯，采访将在美国某地的罗利街123号进行。采访日期和时间后续将通过电子邮件发送给您，请您提前5分钟到达，留出时间停车和签到。

我们会对访谈进行音视频全程录制，供内部研究使用。我们将为您提供XX金额的报酬。

如有任何疑虑，请联系email@address.com。谢谢您，我们期待与您的访谈！

介绍

解释访谈目的。

筛选标准

仅供研究团队使用。详细说明您要招募多少参与者（一般来说，每项研究至少要招募10人）。

用来筛选参与者的问题

问题集中在人口统计学、品类参与度、态度和／或表达能力方面。

排除无关参与者

从研究中排除不符合要求的参与者。

○ **小提示**：尽早提出排除性问题，不在非目标研究对象身上浪费时间。

邀请函

向通过筛选的参与者发出邀请，并为他们提供事先约定好的研究补贴。

访谈的细节

提前告知访谈的时间和地点，以及他们需要为访谈做什么准备。

找寻参与对象

确定好筛选机制后，您就应该着手行动了。要注意一点，筛选标准越严格，越难找到合适的研究对象。除此之外，还有一些其他办法可以助力您找到理想的研究对象。

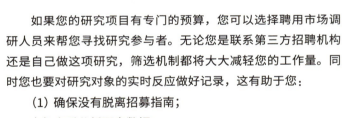

如果您的研究项目有专门的预算，您可以选择聘用市场调研人员来帮您寻找研究参与者。无论您是联系第三方招聘机构还是自己做这项研究，筛选机制都将大大减轻您的工作量。同时您也要对研究对象的实时反应做好记录，这有助于您：

（1）确保没有脱离招募指南；

（2）事后分析研究数据；

（3）讲好用户故事。

试着使用社交媒体 App，或者在商店外面进行实地研究，去公园，或者向朋友的朋友寻求建议。

发挥您的创意，享受研究的乐趣！

本章回顾

确定参与标准

　　不要在尚未确定目标受众的情况下设计产品。在描述目标受众时需要考虑的关键因素有人口统计数据、品类参与度、态度和 / 或心态以及研究对象的表达能力等。

创建筛选机制

　　筛选机制是一种常用的工具。一个完善的筛选机制能够帮您进行市场调研，获取消费者的意见。

找寻参与对象

　　研究对象的选择是至关重要的，了解研究对象的意见是设计产品的基础。

原则

相关

　　选择那些有可能购买和使用您的产品的人作为研究对象。

严密

　　研究对象的选择是研究的起点，研究对象一旦选错，研究设计就会出错。

您接下来可以做什么

明确您的目标客户是哪些人，为目标用户画像以增加用户黏性。

第四章

相关　　远见　　全面　　严密　　操作　　可视

开展有效访谈

① 制定访谈问题

向研究对象提出与研究目标有关的问题。

② 创建访谈提纲

您需要打造一个结构化访谈流程。

③ 开展访谈活动

评分审核或自由讨论等方法是每个研究者在自身多次实践的基础上摸索出来的。这些方法可以帮您在有效获取数据的同时，扩大产品的知名度。

制定访谈问题

　　本书前文部分提到过，您需要根据研究目标来制定问题（详见第二章）。研究目标往往可以被细分为许多小问题，您应当从小问题着手，考虑如何措辞。您应在进行考察性调研时多提一些开放性问题，让参与者自由谈论他们自认为重要的事情，而不被问题的答案所影响。根据他们的回答，您可以提出后续问题，并时刻记录参与者的反应，以得到更多细节。本节将进一步讨论"应当如何提出后续问题"。

设置访谈问题

我们以车载信息娱乐系统为例，帮您思考您在访谈中可以提出哪些问题（见表4.1）。

表4.1 以车载信息娱乐系统为例设置访谈问题

交通运输品类	情绪	产品/服务	背景	行动
轿车				
汽车内饰				
娱乐系统				
参数				
钟表				
时间控制				

提前准备访谈问题可以让您的研究更加高效。

从交通运输这一大类出发，您将范围逐步缩小到其中的某一个类别，比如汽车。大类的选择也不是固定的，您可以根据对话类型进行选择，帮助参与者步入讨论。这种从高层次到更具体的话题的渐进式介绍可以给参与者提供谈话背景，让他们在回答具体问题前便在脑中形成对该主题的理解。注意不要扯得太远，以免浪费时间。

避免交谈中的言语歧义

　　提问时应避免不当的措辞。避免使用具有判断性、诱导性的语言（例如，"您难道不想拥有一个更好的时钟吗？"），保持问题的开放性。

思考如何提出后续问题：

一般性问题

· 告诉我您对某物的了解。

· 您怎么描述这个产品？

· 讲述下您曾经的经历。

· 您现在在做什么（尽可能详细）？

了解受访者们的态度、动机或目标

· 是什么促使您去做这件事？（了解动机／目标）

· 讲述一下您的思维过程。（了解动机／目标）

· 什么是您思考的重点？（了解动机／目标）

· 当您听到／想到／看到什么时，您的脑子里突然出现了什么？（了解态度／动机／目标）

· 您对产品有什么想法？

· 您认为产品的哪一方面是最重要的？

思考如何提出后续问题：

一般性后续问题

- 出于什么原因？有什么其他原因？
- 您能不能找到其他词来描述这种感觉／想法？
- 可以再多说一点吗？
- 您的意思是？
- 哪里不一样？
- 在什么情况下您会……
- 哪里相同或不同？
- 是什么促使／推动您去那样做？
- 您在思考时会考虑些什么？
- 让我了解您是怎么想的吧……
- 是什么让您有这种想法？

情绪相关问题

- 那让您感觉如何？

效益相关问题

- 怎样才能让您有这种感觉？
- 这将会产生什么影响？

特征相关问题

- 应该提供哪种服务？
- 它应该做什么？
- 这对您来说意味着什么？

感官线索相关问题

- 您觉得它怎么样？
- 这看起来／听起来／感觉起来／闻起来／用起来怎么样？

创建访谈提纲

　　无论选择哪种访谈方法，您都需要提前创建一个访谈提纲。访谈提纲可以让您在访谈之前对自己的采访目的有明确的认识，其中应包括采访结构和流程。它们可以让您在访谈中实时确认采访的结构和内容，以及每个问题或每部分所需的时间。

　　归根结底，访谈提纲可以帮助您以一种一致的模式与参与者进行对话。它是在此基础上形成的一个可重复利用的访谈计划，而非固定的剧本。

访谈提纲将整个访谈分为几部分，并为每一部分分配一定的时间。根据访谈目标，您还需要对问题进行排序，以帮助参与者熟悉访谈主题并尽可能快地进入认真回答问题的状态。问题的排列不是固定的，关键是要有效地组织问题，让访谈对象把关注点集中在访谈上。

我们会在下一页附上一个访谈提纲的例子供您参考。

介绍（5分钟）

　　您好！感谢您抽出时间参与我们的访谈。我是今天访谈的主持人。这是我的搭档，他负责记录我们今天谈论的所有内容。

　　在接下来的一个小时里，我们将就您对车载娱乐设施的使用体验进行讨论。在访谈开始之前，有几件事我想先说明。

· 我们是独立的研究人员，问题没有正确或错误的答案，我们只对您的真实想法感兴趣。

· 我们将对这次访谈进行录音，内容全程保密，请您在此表格上签字确认。

· 如果您有其他想法或问题，请随时向我们提问。

· 访谈涉及的内容比较广，我们可能会随时打断您并要求您讲得更详细，请不要生气，这是为了尊重您的时间，同时确保我们的访谈能够涵盖所有内容。

背景问题（30分钟）

1. 您一般开车去哪里？
2. 谁和您一起去？
3. 在这样的场合下，您是如何使用您的车载娱乐系统的？
4. 还有谁会使用您的娱乐系统？
5. 您最看重车载娱乐系统的哪一点？
6. 您对自己的偏好设置怎么看？
7. 您有没有换过时钟？
8. 您有没有注意过时钟的变化？
9. 更换时钟时，您会考虑哪方面？

体验相关的问题（30分钟）

1. 您在使用您的车载娱乐系统时体验如何？
2. 是什么给您带来了这种感觉？
3. 改变时钟让您感觉如何？
4. 是什么让您有这样的感觉？

总结（10分钟）

　　这些就是我今天为您准备的所有问题。让我与记录员核对一下，确保我们没有遗漏关键信息。

　　您有什么问题要问我们吗？如果没有，那本次访谈就结束了。再次感谢您花时间参与我们的访谈。

简介

简介作为访谈的铺垫，包括以下几项内容：

· 介绍项目团队。

· 概述访谈主题。

· 签署知情同意书。

· 介绍记录方式，如音频、视频或图片。

· 提前说明访谈时间。

· 告知访谈补贴。

问题排列顺序

访谈提纲分为一般性问题和深入问题，要遵循由浅入深、由易到难的过程。这能使研究对象将您的研究与他们自身的实际情况联系起来。

创建访谈提纲要遵循"理想体验剖析框架"来安排问题顺序。

总结

为了给记录员提供一些查缺补漏的时间，在访谈结束后您可以再次向参与者表示感谢并组织结束语，也可以让参与者分享其他的想法或提出问题。

○ **提示**：虽然底稿可以帮您组织和表达自己的想法，但是没有必要完全遵循。访谈提纲并非一个固定的脚本，而是一个清单，用来确保您没有遗漏任何一个讨论主题。

开展访谈活动

访谈提纲中记录了您提的问题，但没有涉及您的提问方式。

让研究对象保持放松状态，鼓励他们积极分享，这样访谈进展会顺利得多。

您要掌控访谈进程，时刻注意访谈中出现的问题，并能针对当时的局面及时更改访谈策略。

将访谈对象的注意力引导至关键内容上。记住您要做访谈的全盘掌控者，而非旁观者。

让访谈对象感到轻松自在

想让访谈对象将他们的体验全盘托出，首先要让他们感到轻松。下面几点是您在访谈中需要注意的地方。

满足访谈对象的期待

介绍研究小组成员，告知参与者访谈的目的，提前确认活动地点、报酬以及访谈时间。

尊重他人隐私

对参与者的隐私表示尊重，向他们保证会对访谈内容进行保密，并请求允许拍照或录音。

拉近双方距离

您可以在访谈开始之前先暖暖场，问他们一些家常问题让他们放松下来，让他们觉得您是想跟他们沟通，而不仅仅是机械性地采访他们。

耐心倾听发言

通过口头语言或手势语言向他们传递一种"我对您说的东西很感兴趣"的信息，身体向前倾，模仿他们的姿势和语言，并保持和他们的目光接触。

重复确认

重复访谈对象的话，确认您没有误解他们的意思。如果此时您理解错了，他们就会纠正您。

观察对方的身体语言

试着设身处地了解参与者的感觉，时刻注意他们的非语言线索（如肢体语言等）。某些肢体动作（如手势）表示参与者很投入，而缺乏肢体语言可能说明对方累了，或逐渐没有耐心。

提醒访谈对象关注自身

提醒访谈对象，只需关注自己的体验，不必在乎他人的想法。您关注的是他们对事情的看法和期待，而不是其他人可能会怎样想，他们只代表自己。

○ **提示：**如果您观察到访谈对象出现了一些疲劳迹象，这说明是时候暂停了。您可以对问题进行优先级排序，以确保接下来的讨论能够涵盖所有关键问题。

把握好采访的灵活性

虽然访谈提纲可以为您提供指导，但是要记住，访谈提纲只是一个指南，您还是要做好脱稿准备。您的访谈对象范围比较广，有些人需要您调整策略才能获得需要的信息。

深入挖掘隐含意义

您要试着理解参与者话中的隐含意义，以发现更深层次的动机。例如，让他们解释"容易"对他们来说意味着什么，或者为什么"容易"在这种情况下很重要。参与者的肢体语言也同样是沟通的一部分，可以告诉您什么时候该转到下一个话题了。总而言之，对参与者所描述的内容要时刻保持敏感。

保持访谈的流畅性

访谈进行的同时您也要为下一步做好准备。判断参与者说的话是否与访谈目标有关，以及您还需要得到哪些信息。保持访谈的流畅性，提前准备好您接下来要问的问题。

时刻调整研究方案

如果您提的问题得不到想要的答案，那么见机行事，用其他的方法来获取数据。

深入把握研究目的

确定研究目标是您在访谈中采用灵活方式获取信息的前提。从研究目标出发，根据访谈进行的具体情况实时对问题做出调整。举个例子，如果受访者不能回答抽象的问题，那么您可以尝试询问具体的问题。

做好提示笔记

　　在一个快节奏的访谈中，您很难做到在理解参与者的回答中所隐含的深层含义的同时实时对访谈进行跟进。好记性不如烂笔头，与其依靠记忆力，不如拿笔做一些笔记，记下关键的提示词或短语，可以帮您跟进或选择转到另一个话题。

不要脱离研究目标

　　访谈开始前，您要对研究目标有足够的了解，不要超越您的项目研究范围，或将话题转向您自己或您所在的公司。记住，您提问的目的是了解用户的体验以及想法。

进行实时调整

　　您可以试着使用"阶梯技术"来获取参与者的体验信息。例如，您的参与者在讲述他们想要什么时，您可以通过多追问几次"为什么？"来了解背后的原因。根据我们为您提供的访谈提纲框架，您可以选择不同的方向。

避免言语歧义

　　一场完美访谈的关键是将发言权交给参与者。记住，您的访谈目的是了解参与者的想法和体验，而不是为了证明您的观点。下面的几条提示可以帮您避免采访中可能会出现的言语歧义。

保持中立

让访谈对象了解您的中立态度，告诉他们问题没有正确答案。同时，隐藏您的真实身份与目的，在访谈对象不知情的情况下进行访谈。尽可能多地使用反问句，确保提问中不涉及您的任何主观感受。注意自己的口头语言以及肢体语言，对研究对象的某个回答表现出异常反应很可能会导致主试效应，即实验者不经意流露出的期望、态度和指导语的倾向会影响实验结果。在这种情况下，访谈对象可能会隐藏他们的真实想法。您应该从一般的开放式问题开始提问，并逐步缩小问题范围。

尽可能鼓励

保持对访谈对象的尊重态度，鼓励他们讲述，千万不要纠正他们。注意自己的语气和措辞，避免任何指责的态度。如果研究对象的回答出现自相矛盾的情况，您要学会这么说："刚刚我听错了，我以为您说是……。现在我有些困惑，能再帮我解释一下吗？"

提开放式问题

提开放式问题，而不是提出那些只有"是"/"否"两种答案的问题。在访谈对象给出答案之后停顿一会儿，问他们有什么要补充的，以了解他们的真实想法。注意自己的语气和措辞，不要把访谈变成审讯。

引导，而非领导

提问时不要带有任何诱导倾向，要做到措辞清晰、言简意赅。比如"进展如何？"，这个问题虽然不够具体，但是不存在任何诱导性。您要做的就是问开放式的问题，并给出回答的大方向，比如"能说说您大概的思路吗？"，让访谈对象知道您想问什么而不是您想要他们回答什么。

准时

不要错过与访谈对象约好的时间。准确地把握讨论提纲以及研究目标。

尊重他人时间

让参与者事先了解访谈时间。出于对时间的考虑，您可以偶尔打断他们，以确保访谈顺利进行、准时开始和结束。

随时注意时间

注意时间。制订一个时间管理计划，确保每一步都有时间提醒。提纲中的时间将帮您判断是否需要加快速度或者放慢速度来获得更多细节。

及时推进

访谈不要脱离研究主题。您可以说："这故事非常有趣，但为了节省时间，我们进入下一个话题吧。"

这里我们提供一些访谈中的好习惯，以及一些需要避免的坏习惯，以助力您发展自己独特的访谈风格。

好习惯	坏习惯
用适中的音量说话	说的话跟访谈对象一样多，甚至比他们还能说
习惯沉默，给访谈对象留足够的思考时间	同时提出多个问题
提问方式多样	错过深入提问的机会
提开放式问题	反复使用同一个问法，比如"为什么……"
用简短的开放性问题引出大篇幅答案	提"是"／"否"的问题
提直接的问题	帮助访谈对象回答
确保答案清晰	提出自己的意见
表现出无条件的积极性	在问题中给出一个可能的答案
发出具体指令	暗示研究对象
表示理解（例如"我听到了""我看到了""嗯"等）	
对访谈对象的回答进行深入探究	

本章回顾

制定访谈问题

　　确保您提的问题与研究目标相关，有问题意识。了解访谈目的，并据此设定研究计划。提开放式的问题，不要带着预设提问，避免出现主试效应。

创建访谈提纲

　　利用访谈提纲来组织访谈。确保您的问题之间有内在逻辑，便于访谈参与者理解。同时要在提纲中做好时间安排。这一提纲也可以供后续环节使用。

开展访谈活动

　　最重要的一点是让研究对象感到放松。牢记一点：访谈提纲是研究计划，而不是一个脚本。您在进行访谈时，要牢记研究目标，并针对具体情况来进行调整。尽可能避免语言歧义，准备好时钟，保持对时间的掌控。做好自己。

原则

相关

　　问题必须与研究目标相关，要有问题意识。

严密

　　研究过程中很容易出现主试效应，想得到真实答案，就不要有任何预设，应时刻保持中立。

您接下来可以做什么

　　锻炼自己提开放式问题和探究性问题的能力。试着在日常生活中练习用开放式问题进行提问，并根据他人的回答来进行追问。多看一些新闻和谈话节目，观察别人是如何进行采访的，并判断他们提的是开放式问题还是引导式问题。

第五章

相关　　远见　　全面　　严密　　操作　　可视

收集有效数据

① 将数据结构化

访谈结束之后，您会获得大量的访谈数据。如何收集、组织这些数据至关重要。

② 使用电子制表软件

Microsoft Excel 和 Google Sheets 等电子制表软件是进行设计研究时常用的工具。

③ 做好相关记录

研究结束后，利用相关数据来讲述用户故事。

将数据结构化

　　研究工作结束之后，您要针对访谈者所描述的数据进行分析，进而得到研究结果，之后巧用数据中得出的结论来讲好用户故事。

您需要创建一个框架来收集并管理数据。

在第九章，我们将就如何分析数据做出展开说明。

将数据结构化可以对其进行更高效的分析。我们将在下页为您展示一个常用的数据模板示例。

> ○ **提示：** 带列的结构可以对数据进行排序，让信息的呈现更为直观，并可以将不同的访谈或参与者进行比较，以加快分析速度。

备注账号（ID）号码

将参与者按照访谈的顺序进行编号和整理，供进一步使用。

参与者账号

通常是字母和数字的组合，代表这条信息属于哪个人。这对我们后续做频率计数统计至关重要（更多内容详见第九章）。

话题或问题

此部分用于记录问题或话题。可以帮助您对数据进行分类，同时方便您查阅对不同问题的回答。

编号	账号	话题或问题	附录
25	1	你会随身携带什么？	我每天早上穿衣服时都会从梳妆台上拿起它。
26	1	你为什么随身携带它？	我的钱包很能装，能装4张卡。
27	1		驾驶执照证明我可以开车，最重要的是允许我
28	2	你还携带了其他物品吗？	我的包里有一个卡盒，里面放着其他的卡。我
29	2	你希望什么能够数字化？	我不喜欢带一大串钥匙，用到钥匙的时候，我
30	2	你希望哪里不数字化？	如果我给你一块芯片，你就能读取芯片上的任
31	3		就像我们说的那样，如果我的钱或钥匙数字化
32	4	什么能让你快乐？	当我以高效率完成很多工作任务时，我会很开
33	5	你有哪些爱好？	
34	6	用三到五个词来描述你的钱包？	劳动为我带来报酬，这就是我的生活。这是我提供了很多我需要的东西。
35	4	如果你的钱包是一个人，他会是谁，为什么？	妈妈。她总是随时给我信息或建议，是我生活
36	2	你最喜欢什么，最不喜欢什么？	喜欢它能装，内置结构有条理。
37	4	有什么设计是你在别人钱包里看到过，同时希望自己的钱包也有的？	多一些这样的信用卡插槽。虽然这是空的，但装
38	1	介绍你最后两次使用钱包的场景？	我把身份证从钱包里拿出来给了产权公司的人
39	4	还有人拿过你的钱包吗？	安德鲁让我帮他找东西，钱包简直就是个可怕

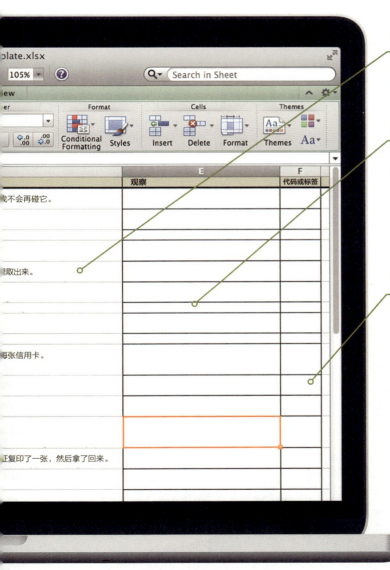

附录

此部分用于记录参与者提出的意见。

观察

根据访谈目标，您需要对观察到的情况做详细记录，同时增加访谈的背景信息。

代码或标签

将您的资料整理成类似故事或想法。这可以帮助您从现有数据中筛选出无关数据，以供进一步分析使用。

获取数据

下面是数据收集的几种常见方式，每种方法各有优缺点。

纸和笔

纸质笔记的模板同样可以很简单。它的便携性强，在绘图时更具灵活性，但是后续必须将数据手动输入电脑上。总之，这种方法耗时费力。

笔记本电脑

您可以将数据直接输入笔记本电脑的结构化模板里。这帮您省去了后期数据录入的麻烦，节省了步骤。然而，相较于纸质笔记，笔记本电脑的便携性较差。

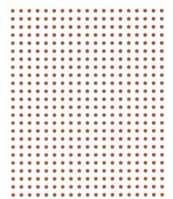

转录

　　您也可以在访谈中通过音频、视频录制的方式对访谈过程进行全盘记录。如果您没有笔记本电脑，也可以使用便捷录音设备。这种方法可以让您专注于采访，而不必分心去记录数据。

　　有很多数字设备同样可以转录音频。Zoom 软件会将社会访谈自动转写成稿件。但在访谈结束之后，您仍然需要将数据输入模板。您也可以选择在回放录音的同时再输入数据。

　　具体选择上述哪一种方法取决于您的访谈背景和访谈主题。数据结构化存储工具可以成为记录工具，或在后续用于数据存储。

使用电子制表软件

　　想必您在学设计的时候就已经掌握了许多相关软件的应用。

　　电子制表软件作为常用的设计研究工具，可以对数据进行分析综合。在第九章中，您也会用到这些工具。为了构建数据，您要学习使用 Microsoft Excel 或 Google sheets 软件。

　　谷歌官方提供的 Google sheets 教程，为您提供了详细的使用讲解，可以帮您掌握数据处理技能。微软也提供了各种视频培训和模板，可以帮助您快速上手 Excel。

　　无论选择使用哪种方案，您都要了解软件的工作原理，掌握数据整理方法，并学会使用简单的计数和百分比公式。

做好相关记录

访谈通常由一个人负责主持，另一个人负责记录谈话内容。您需要对研究对象所说、所做的事情进行准确的描述。做好访谈的详细记录是很重要的。

药物治疗就是在解决您的问题，产生气泡可使药物迅速见效

每个单元格中的信息都相当重要。您要了解区分记录好坏的标准，确保数据在采集过程中没有出现漏洞。

高质量记录的五大特征

1. 完整

　　每份记录都应独立且完整，并将背景信息纳入其中。为了避免出现模棱两可的信息，应当用括号添加补充说明。例如，"那个（大图标）对我来说是完美的"。在日后回顾时，括号里的内容能帮助您对关键信息以及补充信息进行区分。

　　同理，记录员观察到的信息也要记录下来，例如，"那个（大图标）对我来说是完美的（参与者太矮了，无法看到小图标）。"

　　注意不要遗漏关键信息，详细记录"什么"以及"为什么"，以免出现数据漏洞。"（大图标）对我来说是完美的"，这个笔记记录下来了"什么"，但缺少"为什么"。如果笔记中缺少"为什么"，一定要探究清楚。

2. 独立

　　每份笔记记录的都是独立的思想、主题或想法。这有助于日后做进一步分析。而那些囊括多种观点的大段论述会给日后的分析数据工作带来不少麻烦。

　　根据上下文的关系对笔记进行拆分。例如，"屏幕的色调很柔和，我也喜欢角落里的图标，因为它清晰明了"应该被拆分为"屏幕的色调柔和"和"我喜欢角落里的图标，因为它清晰明了"。

3. 相关

　　牢记研究目标，判断访谈对象所说的内容与研究目标是否相关。您要确定没有漏掉任何能用到数据分析上的信息，同时也没有增加任何不必要的细节。举个例子，访谈对象使用软件的行为就比具体的软件名更为重要。若您暂时不确定这条信息能否用上，可以先记下来，以备不时之需。记录不必要的细节可能会拖慢您的速度，增加数据整理的时间成本，但是如果数据不够的话，您在分析时依然会面临问题。

4. 不做评判

　　您在记录信息的时候切勿忙着分析，在捕捉数据的同时对其进行分析判断可能会耗费大量的时间和精力，导致您错过、遗漏关键信息。另外，当忙着评估访谈对象之前的陈述时，您还可能会错过重要的讨论，漏掉关于语境的注释，即使这些注释对问题没有直接贡献。这些相关数据可以帮您实现对主题的全面理解，并在分析中揭示有用的信息。

5. 避免主试效应

　　您要详细记录访谈对象说的话，而不能只记录您想听到的东西，或者您自己认为重要或有趣的东西。做好逐字记录，将帮助您避免主试效应。

本章回顾

将数据结构化

提前做好收集和组织访谈数据的工作。

使用电子制表软件

尽早学习使用电子制表工具。您使用电子制表工具的熟练程度几乎决定了您后续分析数据的能力。

做好相关记录

一份完美的研究记录应该做到主题独立、内容与研究目标密切相关。做记录的同时您无须做评判，尽可能避免主试效应。

原则

严密

对您的访谈进行准确记录，毕竟您也不希望研究结论建立在不准确的数据之上。

您接下来可以做什么

　　去参加一些培训课程，熟悉 Excel 等软件的使用方法。在课堂上开始学着做笔记，尽可能地让您的笔记完整、篇章主题独立、与学习目标相关。想一想可以提哪些问题来让笔记更加完整，如何与主持人合作，确保您的研究能收集到您需要的信息。

第六章

相关　远见　全面　严密　操作　可视

用拼贴法描述用户体验

1 了解拼贴应用

该应用可以收集不同来源的信息。

2 为拼贴活动做准备

拼贴活动需要用到空白画布和拼贴材料。

3 进行拼贴练习

组织人们参加拼贴活动，并让他们解释自己创造的东西。

了解拼贴应用

　　拼贴法，又名拼图法、共同创造法、参与式设计和投射测验，是我们在描述用户体验时经常使用的一种研究方法。

　　这种方法会为人们提供拼贴材料（例如一些如图片和文字），并让他们用这些材料来描述某些物品。针对不同的研究目标，拼贴应用可以采取不同的形式。

　　拼贴法需要用到的材料包括画布、文字、图像等，有时还会用到物体、气味、声音和屏幕动画（多感官材料）。人们会选择对他们有意义的物品，并将它们放置在画布上的适当区域。

　　当人们选择好了拼贴材料，下一步便是描述所选物品与研究对象的关系。我们将重点介绍一些最常用的练习类型。

体验拼贴

理解当前的体验：情境

使用拼贴法能够得到人们对情境的整体性看法。这种方式从情感角度出发，能了解到用户在这种情境中所产生的情绪。

理解期望体验：情境结果

发现用户从产品或服务中寻求的预期收益，以及情绪体验。

感官线索拼贴

人们如何在特定环境中获得预期收益

如第二章所述，感官线索描述了产品或服务的特性，即产品的外观以及给人带来的感觉。这些信息对于设计、制造、营销等许多职能部门来说是具体的、可操作的。

将这些方法与理想体验联系起来进行思考：

1. 在某情境中描述一种体验（我感觉）。

2. 描述"事物"（产品或服务），描述它提供了何种与情况相关的预期体验（它是什么）。

1. 情绪

人们想要何种体验？

2. 效益

产品要提供什么才能让人们有这种体验？

3. 特征

产品是怎样带来这种效益的？

4. 感官线索

人们是怎么把这些特征通过感官线索和产品属性联系起来的？

为拼贴活动做准备

为拼贴活动做好准备，让参与者有机会表达自己的想法。我们需要一个空白画布和一些拼贴材料。

创建画布

画布是一张供人们放置拼贴材料的白纸。它能让人们深入思考自己准备设计的产品。

目前我使用豪车中的信息和控制装置时的体验，以及它给我带来的感受。

此处的文字和图片 ↓	此处的文字和图片 ↓
积极的 经历	消极的 经历

画布通常是一大张列着标题和框架的纸，尺寸一般是36英寸*宽、24英寸高。这一尺寸仅供参考。关键的标准是让画布平摊在桌子上，让参与者容易够到。如果您没有绘图设备，您可以把它放在一个画架或海报板上。

感官线索画布需要有足够的空间可以让人们用拼贴材料来描述产品的特征。由于画布一般都是由绘图工具绘制的，所以我们一般将高度设置为42英寸（每个特征词8～10英寸宽）。

受疫情的影响，我们一直在使用白板工具来开展这些活动。除了白板，画布还有很多种类，您可以根据研究需要去寻找一个适合自己的方法。为您的研究项目准备三个提示词，以帮助人们熟悉这项活动。

* 1英寸＝2.54厘米——编者注

体验画布

我理想中的（产品或服务）体验是……

阻碍我获得理想体验的障碍是……

特征和感官线索画布

我理想的（产品或服务）有什么特征……

仅用一个词来描述产品或服务的特征是不够的，所以我们应在此处为参与者提供足够的空间。

特征①	特征②	特征③	特征④	特征⑤	特征⑥

每张画布包含的元素有：

标题

体验画布的标题能够让参与者专注于情境。它可以是当下情境中的体验，也可以是用户的理想体验。以下是一些体验画布标题的例子。

感官线索画布的标题往往比较直接，比如"我理想的（产品或服务）是……"。参与者可以回答"我理想的（产品或服务）能（带来的益处）是……"。如果参与者心中有一个特定的用例或使用场合，他可以回答"当我（做某事）时，我的理想（产品或服务）是……"。

绘图区域

最简单的画布结构就是一块空白区域，您只需要让人们在上面描述当前或理想的用户体验即可。

您可以在画布的不同部分对用户当下的和用户期望的体验、理想与实现理想的阻碍进行比较分析。要考虑的另一个关键要素是时间，一些体验往往由几个分散的时间段组成，受访者可以用"之前""期间"和"之后"来构建当前或理想体验的用户流程图。

感官线索画布只涉及您想让人们描述的事物的特征，重点关注您设计的产品如何为用户提供他们渴求的效益。我们在第一章给出了许多例子，您可以重新回顾一下它们。

以下是一些经常被用到的关键词：有吸引力、真实、可连接、方便、可定制、美味、耐用、易于使用、有效、毫不费力、迷人、愉快、新鲜、温和、有益、可补充水分、有创新性、豪华、现代、富于激励、多功能、个性化、强大、实用、精确、优质、安全、智能、精心制作。

您选择的关键词最好不要超过6个。如果活动项目规模较小，3个关键词足以帮助人们熟悉这个活动。

选择特征

在最高层次上，感官线索可以分为三个特征类别："有用性""可用性"和"理想的"。

"有用性"与事物的实用性或功能性有关。这些特征包括有效、智能、多功能、可补水、功能强大、实用。

"可用性"指的是人们如何使用它。这些特征包括易于使用、毫不费力、方便、直观或个性化。

"理想的"是指事物拥有的令人愉快的品质，可以为体验增添乐趣。这些特征包括奢侈、迷人、愉快、有吸引力或激励人心等。

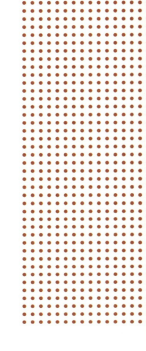

在家庭作业 1 中，您（和其他人一起）告诉我们，你们理想中的甜食是：

- 美味
- 自制
- 特别
- **奢侈**
- 高级
- 方便
- 印象深刻

在家庭作业 2 中，我们将使用这些词语，并要求您将词语应用到您的理想体验中：

- 热巧克力
- 烘焙食品
- 布丁

选择合适的特征词

　　放在感官线索画布上的词语需要与您的设计内容相关，并且有意义。这些词描述了用户希望如何从产品中获得某种效益。您可以使用几种方法来选择有意义的词。

　　在选择时，您不仅要了解词的含义，还要了解与关注的领域和情境相关的词对人们的意义。这有助于避免您选择重复的特征词。例如，便于使用、毫不费力、方便等是重复的词，而便于使用和奢侈则含义不同。对词含义进行区分之后，您会有更多的设计选择。

　　品牌支柱指的是某品牌希望在目标受众心目中的代表元素。一般情况下，公司会进行定量研究，以确定驱动客户做出购买行为的关键因素。这些驱动因素和品牌支柱往往都是一些特征词。您可以准备相关的特征词，在活动中询问这些词对参与者而言意味着什么。

　　我们最常使用的方法是直接询问参与者，对于给定的产品或服务，哪些特征词最重要。我们在线上给人们一份词汇列表，让他们根据情境来选择五到六个最重要的词。这可以使用任何在线调查工具来完成。在人们选择了特征词之后，我们会进一步询问他们特征词的含义。

　　我们经常使用的另一种方法是特征映射。在参与者完成理想体验的拼贴后，我们将进行下面的快速练习。给人们一张空白的画布和几页写有特征词的贴纸，让他们选择与理想产品或服务相关的词。参与者选择词语之后按照自己的想法将它们分组。让参与者对每个词组进行解释，并为每个词组命名。这些解释可以帮助您通过感官线索来拼贴识别它们共有的特征。

　　确定了特征词之后，选择使用其中的三到六个。您选择的特征词越多，解释的时间就越长。

按照想从研究中获得的信息种类，画布可以分为：

我理想的（产品或服务）体验是……

情绪和效益

使用"我感觉"或"我是"的画布来描述一种经历。

我理想的（产品或服务）体验是……

阻碍我获得理想体验之间的障碍是……

比较和对照

理想体验和获得理想体验之间的障碍。

我的理想的（产品或服务）是……

　　仅用一个词来描述产品或服务的特征是不够的，所以我们应在此处为参与者提供足够的空间。

| 特征① | 特征② | 特征③ | 特征④ | 特征⑤ | 特征⑥ |

特征和感官线索

描述产品或服务是什么的画布。

我的理想的（产品或服务）是……

| 之前 | 期间 | 之后 |

过程

用来描述一系列事件的画布。

建立拼贴材料包

　　拼贴材料是人们用于描述体验或事物的工具，可以是文字、图像、物体、声音、气味和动画。

　　拼贴材料可以被用来创造前文中的展示成果。正如我们提到的那样，不同类型的图像传达不同的信息。根据您想获取的信息类型去选择不同的拼贴材料。

词汇

铝	帆布	碳纤维
铬	钴	铜
软木	钻石	胶
玻璃	金	石墨
铁	乳胶	皮革
镍	尼龙	铂
聚碳	酸酯	橡胶硅
银	钢	石
聚四氟乙烯	钛	钨
乙烯基	木材	锌

实体

图像

数码显示器

产品口味

声音

①柑橘类　②姜汁汽水　①铃铛　②声呐振动

③泡泡浴　④桃子　③双音铃铛　④铃铛

⑤清洁衣物　⑥薰衣草　⑤竖琴　⑥重型风铃

⑦迷迭香　⑧山核桃派　⑦金属封口　⑧液滴

为获取情绪信息选择拼贴材料

文字和图像拼贴材料可以被用于描述一种用户体验，目的是在特定情境下识别与体验相关联的情绪。

情境词汇

描述情境的词汇既有褒义词也有贬义词：干净、凌乱、拥挤、空虚、阴雨绵绵、阳光明媚、明亮、黑暗……

情绪词

最常用来描述用户体验的词在本质上是用于描述其情绪的，是表达个人体验或理想体验的词汇。

现有情境（当前经历）往往同时包含积极和消极的因素。因此，研究这种体验的拼贴材料词汇需要同时包含积极和消极的词汇。

放松	紧张
独立	害怕
掌控	压垮
舒适	羞愧
集中	困惑

体验图像

　　体验图像往往是抽象的。它们以抽象和隐喻的方式将与体验相关的情感或想法可视化。情境图像可以描述当前正在发生的事情。它们与您的研究目标没有任何字面上的联系。图像拼贴材料的选择遵循与词语相同的原则。

积极的情绪图像

消极的情绪图像

与用户体验有关的拼贴材料

　　尽量将图像总数保持在90个以下，词汇同理。

　　理想情况下，使用的词汇和图像数据越少越好，但是如果太少的话，也可能会遗漏某些关键情绪和效益。

　　用于描述"当前体验"的词语和图像应当包含等量的积极和消极材料，只有这样才能保证参与者对体验的描述不会出现任何积极或消极的偏差。

　　理想体验词和图像作为当前体验材料的一个子集，一般只有积极的词语和图像。

　　当使用比较和对比组合的画布时，您的拼贴材料就需要由积极和消极的词语和图像组合而成。

用于描述特征与感官线索的拼贴材料

　　顾名思义，这些拼贴材料涉及所有与体验相关的感觉，用于描述每个产品的外观、形态、感觉、味道、声音和气味。

　　您不需要制作一个同时包括5种感官的材料包，具体选择哪一种材料取决于您的研究目的。这些材料包解构了事物的特征，以一种全新的形式重建了研究对象。

感官线索词汇

　　您可以使用感官线索词汇来描述产品在外观、形态、感觉、味道、声音和气味等方面能为用户带来理想体验的特征。

　　一般都是些具体的、描述性的词语。您要想出5～6个您认为可以描述每个特征的感官线索词。

盒型	多彩	薄型
明亮	流线	金属
明显	弧形	抛光
巨大	涂层	光滑

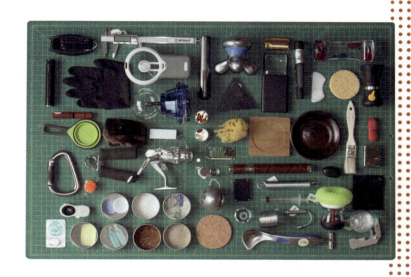

多感官拼贴材料：实物

实物材料是文字和图像的有效补充。利用客观实体来调动参与者的感官体验，有助于参与者更快沉浸在以功能为中心的"它是……"对话，并思考理想的产品或服务应该是什么样的。

多感官拼贴材料：

　　这个东西由什么材料制作？应该是什么颜色？它应该是粗糙的还是光滑的？哑光的还是亮面的？重的还是轻的？物理实例用在此处最合适。

多感官拼贴材料：动画材料

动态视觉效果，如动画或剪辑的视频就是展示数字界面为用户带来体验的最好选择，其他材料往往做不到这种程度。

多感官拼贴材料：外表特征

它看起来像什么？它是硬的还是软的？偏男性化的还是女性化的？偏传统还是偏现代？运用您的设计直觉，提供更广泛的选择。

多感官拼贴材料：交互

它是数字化交互的还是物理交互的？是旋钮、拨号盘还是滑一下就行？是直接上锁还是设置了防篡改程序？ 思考各种交互的可能性。

开始准备工具包

这里有一些分类的例子，您可以用来建立一个多感官拼贴材料工具包。这里的词语并不是拼贴词本身，而是为了提示参与者要寻找什么。

例如，如果要建立一个研究产品包装的工具包，您要考虑包装的材料、形状和结构，以及包装上的图形。

拼贴材料品类	提示	
包装	包装材料的材质	包装信息
信息展示方式	图表	使用指南
控制方法	旋钮	按钮
表达方法	音频	动画
物品发出的声响	吱吱声	尖叫声
物品闻起来的气味	新鲜	腐臭味
产品行为方式	按下按钮会发生什么	零件如何运动
食物	配方、外观及原产地	成分

提示

信息在屏幕上移动　　　　屏幕上会显现什么

包装的形式或结构　　　　包装上的图案　　　　显示包装里面的内容

触屏　　　　　　　　声控

灯光　　　　　　　物理反馈

哔哔声

沁人心脾

材质　　　　　　构造和制作方法　　　　它们在一起时发出的声响

准备　　　　　　服务和呈现

选择拼贴材料

　　如何选择一套拼贴材料是您在做拼贴练习准备时遇到的最主观的事情之一，这时您需要运用设计师的直觉。构建工具包之前，您需要提前设想您期待的产品或服务大致是什么样的。

　　在大多数情况下，您选的材料不应该局限于这个品类。选择类别之外的材料可以让参与者获得更丰富的体验。例如，如果您准备和用户共同设计一款他理想中的打印机时，您就不能把打印机直接作为研究材料，而是应该从邻近的类别（如消费类电子产品）中找创意。

　　寻找材料的方法有很多，您可以在网上搜索、去商店购买，或者从现有的收藏中挑选一个。我们的团队发现选择材料的最佳方法就是由简入繁，让每一个材料都能激发参与者更多的想法。

性格

外观和感觉

物体

显示方案

为拼贴材料分组

您需要把事先准备好的拼贴材料按逻辑分组，然后再呈现给参与者们。分组的方法跟前一节中我们向您展示的各种解构方法类似。例如，与实物相关的拼贴材料自成一组。

以逻辑分组的形式呈现拼贴材料，有助于让参与者了解您希望他如何进行思考。

参与者可以选择多种方式来解释物理材料。我们倾向于把它们都归为一类。

编辑分好组的拼贴材料

准备好了拼贴材料工具包之后，您需要对它进行编辑。我们倾向于为每个类别或分组准备 10 ～ 15 个拼贴词。有时偶尔某一组会出现太多的拼贴材料，那么您就需要人工删减一部分。尽量避免使用传达相同内容的项目。由于这是一项探索性研究，目的是探寻不同方案的可行性，所以您希望得到的是一系列不同的想法，而不是类似的想法。

准备拼贴材料工具箱

您需要向参与者展示您准备好的拼贴材料工具箱。最好是采取面对面的形式，这样参与者们可以亲自与材料互动。 线上采访也并非不可，但在这种情况下参与者们无法和物体实时互动，无法触碰它们，也无法闻到它们的味道。

为材料编号

您需要给所有的材料编号，以便在人们选择某物时可以参考它们。这对您的后续分析也很重要。我们将在稍后讨论这些细节。

对于实体材料，您可能想用数字贴纸来为它们编号。但我们往往会选择拍下这些材料的照片，并把贴纸贴在照片上，以便在进行面对面访谈时使用它。当用户选择某个内容时，您可以通过将贴纸放置在画布上的适当位置来捕获数据。

对于线上访谈，您可以将编号的图像导入软件，并像用现实中的贴纸一样使用它们。

进行拼贴练习

　　关键一步是向人们介绍您的活动，让他们能够轻松地进入状态。您应该从介绍画布开始，因为画布关系到您要求参与者做什么。

拼贴活动

在展示当前的、理想的和组合的画布时，您需要从展示标题开始，随后描述标题和画布结构之间的关系。结构中的每个部分都会影响参与者对标题的理解。

在展示理想体验活动时，要确保参与者能够理解您并不是想询问他们某些既定的现实问题，这一点是非常重要的。应确保他们理解您想了解的是他们脑中设想的完美体验。

参与者理解您的实验目的之后，您就可以为他们提供拼贴材料了。让参与者们明白他们可以在画布的任何区域使用文字或图像。提前告知他们只使用与他们相关的词语或图像即可（而不是所有的）。活动开始时让参与者们看清楚所有材料，并告诉他们，如果他们发现某个词组或图像看起来与画布的某个区域有关，就把它放在那里。

感官线索练习中的"理想我"

在研究人们参与理想体验活动时，他们会意识到自己心中期待的结果，我们称之为远见心态，即人们关注的不是产品现在的状态，而是他们所设想的产品应有的状态。

让参与者处于一种远见心态是感官线索练习的关键，这种活动使他们能够制造和描述出他们理想的产品、服务、体验过程。

在这个活动开始之前，我们通常会做一个精简版的期望体验拼贴。它可以很简单，例如让人们选择三张图片来描述他们在这种情况下想要的感觉。

让他们想象使用您设计的产品是一种什么样的体验。同时构思一下自己在使用它时想要得到的理想体验。做到这一点的最佳方法是使用理想体验拼贴。您已经了解了这一点，并做了相应的练习。当使用拼贴材料时，您只需要大约10个单词和10张图像。不需要花太多时间在这个活动上，参与者只需要5～10分钟的时间来选择，然后用5～10分钟的时间来解释。

我最理想的客厅 / 起居室整理方案是				
易于使用	多功能的	有吸引力的	持久的	有组织的

感官线索拼贴建构

您可以在介绍标题时解释您想让参与者们做什么，问问他们什么才是理想体验（您的研究目的）很重要。

接下来浏览画布上的词汇，针对每个词提两个关键问题：与您的理想体验（无论您正在研究什么）相比，（特征词）意味着什么？为什么（特征词）对您的理想体验（无论您在研究什么）而言很重要？

一旦人们想象出了自己想要的感觉，并开始思考在您设计的环境中这些功能意味着什么，您就可以开始我们所说的"构建"了。

让人们看一遍您的感官线索词。让参与者知道，如果其中一个词能够描述他们的理想体验，就该把这个词放在画布上适当位置的方框里。这只需要参与者3～4分钟的时间。如果您还有其他的单词，您可以在接下来使用这些单词。

当您向人们展示拼贴材料时，最重要的是您自己要明白您是如何解构您所研究的产品的。如果您已经在头脑中有了产品雏形，那么您就可以用简单的语言来介绍它。为他们提供多样的拼贴材料，这样他们就可以构建自己理想的产品或服务。

下面是一个向参与者解释如何使用拼贴材料的例子。

"这是您可能需要的信息。"

"您看下图像，了解一下这些信息的呈现方式。"

"如果您有屏幕动画，您可以说'屏幕上有一些移动的信息'。"

"在使用具有不同类型控件的页面时，您可以说'这里有一些指示'。"

同样，这里的关键点是使参与者与您的拼贴材料产生某种联系，按照某种逻辑进行区分，并能简单地解释它们。

○ **提示：**在整个构建过程中，您要牢记以下要点：

· 不断强化研究背景，无论是为了参与者们的理想体验还是当前的体验。

· 提醒人们只选择真正与他们的理想体验相关的东西。

· 鼓励参与者只选择他们立刻能想到的东西。

· 参与者会问拼贴材料是什么，但不要告诉他们，避免产生主试效应。直接说"您觉得它是什么，它就是什么"。

调节和做笔记

　　体验信息和感官线索有着完全不同的调节方式。它们生成不同类型的数据，但却可以利用类似的笔记模板。

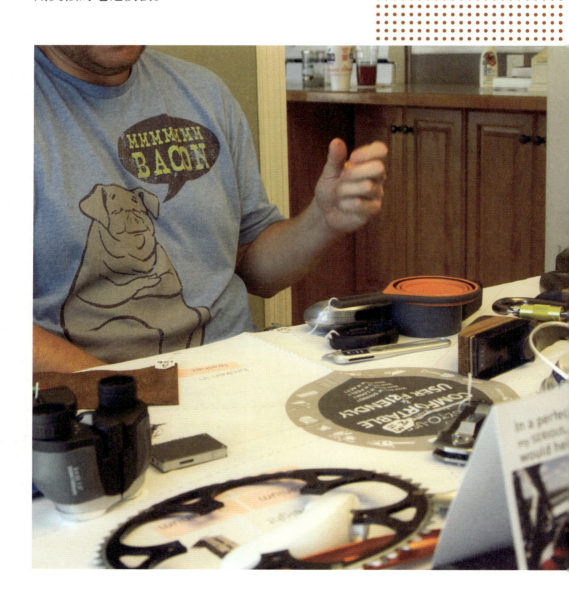

理想体验练习与调节

　　参与者要在拼贴结束后对拼贴成品进行解释。您的研究目的是在情境中理解用户情绪。不管是当下情境的讨论还是理想情境的讨论，您都需要了解是什么引起用户的情绪产生变化。确保讨论活动是围绕您正在设计的产品展开的。对于当前的体验讨论，您可能会问："是哪些正在发生的事情让您有这种感觉的？"

　　在优化理想体验的过程中，您可能会问道："这与您的理想体验有什么关系？您希望发生什么？"

笔记记录

　　当您用笔记对拼贴讨论做记录时，您需要一个包含数字、注释和参与者编号的模板，同时要为拼贴材料和画布留出位置。

　　您不需要把参与者说的话全盘记录下来。要想对用户体验有一个清晰的把握，可能需要一些时间去探索。如果您明白了正在发生的事情和情绪的影响，或者应该发生的事情和用户理想的情绪状态，那么您要记录下来。可以让参与者重述他们的陈述，确保您能记录下他们的想法。

　　当他人在解释拼贴时，您最好把体验的细节记录下来，这在后续将会用到。

感官线索调节

活动和构建大约需要一个小时的时间，但访谈通常会持续三小时左右。您应该用大约两个小时的时间来了解这个人做了什么。在访谈过程中，留点时间让他们去上个厕所、喝杯咖啡或吃点零食。

构建完成后，让参与者解释他们所选择的每个拼贴材料。感官线索是具体的，所以您需要得到非常详细的解释，以便了解感官线索与特征的关系，以及拼贴材料的哪些细节体现了感官线索。

您需要填写这一页的记录单，以描述这些感官线索和特征的关系。每次主持这些活动时，我都将可交付成果作为最终任务牢记在头脑中。曾经有一次，我遗漏了一些关键细节，导致最后的可交付成果效果很差。

缓冲

我理想的工具：有缓冲材料，能保护我的手。

柔性材料

材料柔软而富有弹性，具有一定的延展性，就像橡胶或硅胶一样。

下面是一个调节感官线索的对话示例：

M: 跟我说说"缓冲"。"缓冲"和"人体工程学"有什么关系？

P: 通过减轻震起到对手的保护作用。

M: 能指出哪个标签上写着"软垫"吗？

P: 那一个。

M: 那么左图所说的"缓冲"是什么意思呢？

P: 材料柔软有弹性，像是橡胶制品。

M: 您能说一下左图是什么吗？

P: 手柄。

M: 您在什么时候会觉得手柄柔软有弹性？

P: 挤压它的时候。

- - - - - - - - - - - - - - - - - - -

P 参与者　　　█ 描述问题
M 主持人　　　█ 连接

　　这种对话可能看起来有些奇怪——我们在这种对话中会问一些看起来很明显的问题。让参与者用自己的话来解释他们的想法能够避免偏见。给参与者时间思考，如果他们解释起来有困难，我们可以尝试重新表述问题。

　　对每一种拼贴材料要一遍又一遍地问相同类型的问题，参与者在对一些材料进行解释之后，他们会更仔细地考量您想让他们解释的东西，并为您提供更多细节。

您还要熟悉两种类型的对话。

描述性对话：对话要求参与者描述感官线索、特征、效益或情绪。

连接性对话：这类对话要求参与者解释感官线索和特征、特征和效益、效益和情绪之间的关系，这是建立用户体验模型的关键。您可以在框架中将它们之间的关系表现出来。我们将在第九章"寻找大创意"中做详细介绍。

正如我们在第四章"开展有效对话"中讨论的那样，访谈前要深思熟虑，不遗漏任何细节。这些对话是调节感官线索练习的关键。

这种调节的最后一步是将特征词和理想体验联系起来进行提问。在这种情况下，您可以问：

如果您的理想体验（您正在研究的东西）具有您在（带贴纸的功能框1）中想象的品质，这将如何帮助您得到您的理想体验？

（他们的答案……）

为什么会让您有这种感觉？

（他们的答案……）

为画布上的每个功能框执行此操作。

当您这样做的时候，您也可以让您的笔记记录者帮您列一些来自感觉提示的想法。

感官线索练习笔记

　　在为感官线索讨论做笔记时，您需要一个类似于体验提示的模板，模板包括编号、注释、拼贴材料，以及画布位置。

　　您不需要把参与者说的话全盘记录。您可能需要进行多次探索，才能清楚地了解与特征相关的材料意味着什么。理解了它的含义以及感官线索的具体细节，您才能捕捉到所有的感官线索。如果参与者表述不清，您可以要求参与者们复述一遍。同样，要确保您能捕捉到他们话语中隐含的想法。

1. 情绪

人们想要何种体验？

2. 效益

产品必须提供什么才能让人们有这种感觉？

3. 特征

产品是如何带来上述效益的？

4. 感官线索

这些特征是怎样和感官线索相联系的？

体验拼贴与家庭作业

　　拼贴练习也可以作为家庭作业。"家庭作业"指的是在研究阶段之前，让参与者自己完成的活动。家庭作业可以有效地让参与者了解您的研究主题，并有效地收集初步数据。

指导

　　当体验拼贴作为家庭作业提供给参与者时，您需要对参与者进行指导，引导他们设想理想体验，告诉他们如何使用画布，并介绍拼贴材料。想想如果您自己是参与者，会希望得到什么样的指示。重要的是要向参与者解释，拼贴材料的数目可多可少，并没有定数，关键是要使用与他们自身体验切实相关的词汇或图像。

　　鼓励他们迈出第一步，浏览拼贴图案。

家庭作业示例

感谢您参与本次研究！请在活动开始前阅读这些说明。

以下两点是您需要提前了解的：

1. 访谈开始前，请完成这套家庭作业，这些对访谈至关重要，您需要在访谈开始前拍摄页面的高清照片并发送给我们。

第一部分：我当前的体验

　　请回答下面几页提到的有关您当前体验的问题。这一项任务需要10 ～ 15分钟。

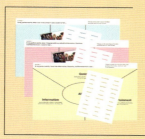

第二部分：我理想中的体验

　　完成第一部分任务后，利用图片和文字贴纸来描述您的理想体验。第二部分任务需要15 ～ 20分钟。

2. 我们会在访谈中花费大约一个半小时，就您的家庭作业进行讨论。

有任何问题请发邮件给我们！

本章回顾

了解拼贴应用

　　根据您的研究目标来选择拼贴方法。

为拼贴活动做准备

　　每种类型的练习都需要根据您的研究工作来定制不同的画布和拼贴材料。

进行拼贴练习

　　调节问题对于每种方法会有不同的侧重点，但它们可以使用类似的注释模板。

原则

相关

　　您应当要求人们拼贴的产品必须与它的使用的场景有关。

远见

　　理想体验拼贴专注于了解人们的理想体验。感官线索拼贴则专注于定义用户心中的理想产品。

全面

　　这些工具能让您对用户当前或期望的体验、您正在设计的产品的细节有个大致的了解。

操作

感官线索是具体的 。

可视

用图像来描述体验和事物。

您接下来可以做什么

把您的体验思维和图像联系起来。注意那些能够展示生活体验的图像。描述产品、服务、屏幕或情境周围正在发生的事情。在背景中展示事物，并沟通事物的细节。

第七章

相关　远见　全面　严密　操作　可视

产品使用场景

① 情境访谈法

　　为了帮您了解产品的使用情境，我们在本节中会为您提供几种最常使用的方法。

② 熟悉记录手段

　　了解不同的记录方案，并构思您想讲述的故事。

③ 进行高效探究

　　观察法是数据的重要来源。在情境中捕捉数据需要规划。

情境访谈法

　　情境是用户在使用您的产品时所涉及的场景、人、物品和相关信息，以及在产品使用过程中发生的一切事情和即将围绕产品展开的活动。

　　您应当深度了解产品的使用场景，并根据不同的使用场景为客户推荐更为合适的产品。

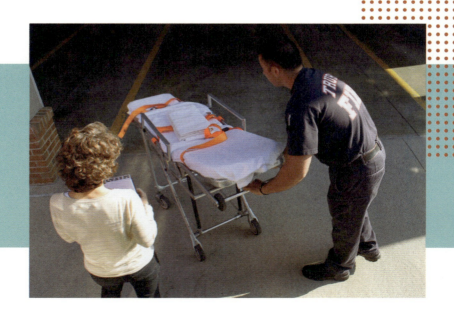

　　情境访谈法，也被称作设计界的人种志研究法，有多种形式。从事情境访谈研究的相关人员可以在观察的同时提出问题。至于怎样判断这项研究成功与否，学术界有着不同的意见。

　　很多研究者在情境访谈上花费大量的时间，但是取得的可操作成果甚微。在本节中，我们将详细介绍三种高效且可操作的方法。我们通过多次研究证实了这三种方法的可行性。

程序性调查

　　程序性调查关注用户使用产品的步骤。为了更详尽地了解整个过程，研究者要详细记录用户为了完成一个特定的任务所采取的所有行动。

　　数字交互、医疗程序、安装步骤、业务流程和设置产品（如一台新的打印机）是程序性调查的几个典型例子，了解这些过程的每一步发生了什么很重要。

体验式调查

　　体验式调查研究旨在关注用户体验中的决定性时刻。利用本方法，您可以深入把握用户在与您所研究的产品或服务进行互动时的关键时刻。这一方法与上述的程序性调查法相似。相较于关注流程，此方法更关注用户的情绪体验，并进一步分析了用户的产品使用体验。

　　了解用户的理想体验也很重要。理想体验指的是用户渴望发生的事情，以及他们想要的感觉。

自我记录法

　　自我记录法也是一种常用的理解产品使用背景以及使用案例的方法。程序性调查和体验式调查都要以研究员的在场指导为前提，而使用自我记录法时，研究者无须时刻在场观察，只要让参与者自己记录下相关时刻的关键体验即可。

　　这种方法在很大程度上减少了偏差，但与此同时，研究者不能像采用其他研究方法时那样，根据当时的场景随时提问，以获得更深入的理解。利用自我记录法，研究者甚至不用亲临现场便可以在短时间内收集更多的数据，可见它具有更高的成本效益。比起让研究小组去实地考察，这种方法的效率更高。

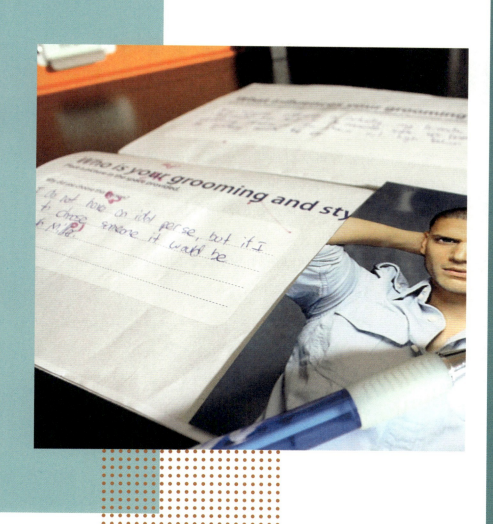

熟悉记录手段

您需要提前做好可交付成果的规划。记录研究的方法决定了后续您如何向客户传递相关信息。选择正确的研究方法来记录您的研究，对于把握产品的使用背景以及当下的产品体验而言是至关重要的。

常见的记录手段包括以视频或摄影为主的视觉技术，以及由参与者主导的自我记录技术。

视频文件

会议的视频记录让您在研究结束后的任何时间点都可以对当时的研究进行回顾。在研究过程中，您难免会遇到一些问题，所以最好有视频记录供您参考。

当您在选择记录手段时，请牢记一点：客户们喜欢亲眼看到人们使用他们品牌提供的产品，以及亲耳听到他们在使用这一产品时有何种体验。

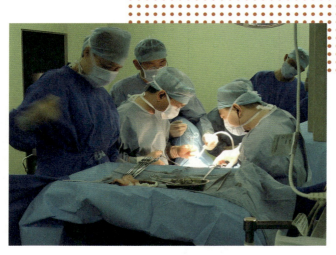

照片文件

照片是记录产品使用场景的最简单的方法。您可以将拍摄的照片制成研究笔记，并将其纳入您的可交付成果之中。有了照片，您就几乎不会遗漏任何重点。

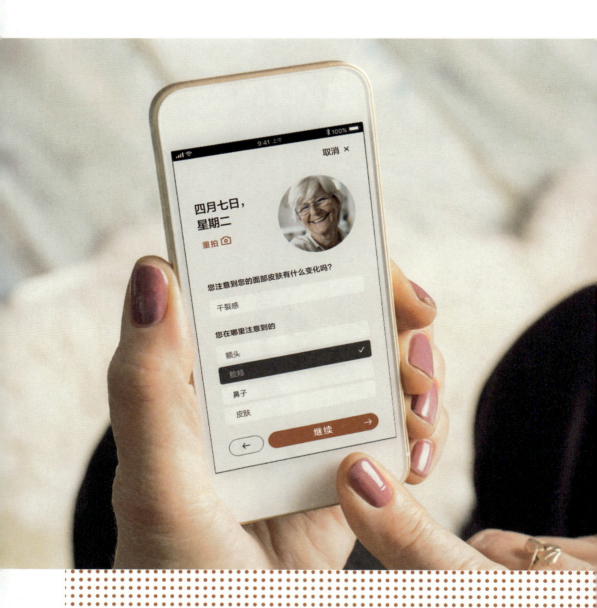

自我记录的应用程序和工具

现在市面上存在几款实用的自我记录应用程序，我们最常用的是 dscout。该应用程序允许人们用图片或简短的视频来记录关键瞬间。用户可以在每个记录下来的瞬间提出一组问题。

您也可以选择把关键时刻的问题记录在本子上。这种方法和使用 dscout 没有本质区别。唯一的区别是，人们必须随身带着记录本，如果涉及照片的话，还需要将照片打印出来贴在记录本上，并且需要在事后将本子上记录的数据输入电子表格软件中以进行下一步分析。使用 dscout 时，您已经输入了实时数据，后续只需将其导出到电子表格软件上即可。

记录产品使用情境最简单的方法之一就是使用调查软件。您只需要让人们反馈一下产品使用情境、与谁一同使用、相关信息、随身携带的东西等。在需要快速了解某种情况时，我们通常会采用这个方法。

进行高效探究

　　情境调查法需要您在提出问题的同时进行观察。 您要仔细观察用户的个人行为：他们如何使用您的产品，此时此刻他们正在使用什么物品，这些物品跟您的研究又有何关系。记录下这类信息后，您便可以进行下一步的分析。

观察指南

　　观察指南通常是一张简洁的问题清单，有了这一清单，您就几乎不会遗漏任何关键信息。清单越简短越好。

记录

- 背景 / 工作区域 / 环境。
- 工具。
- 人工产品。
- 使用信息。
- 谁参与其中？
- 人、产品和系统之间的相互作用。
- 是否有变通办法？
- 是否起效？
- 是否高效？

观察时的提问

- 描述您每一步所做的事情。
- 您在哪里做？
- 您会使用工具吗？
- 还有其他人参与吗？他们在做什么？多长时间一次？
- 这个步骤需要多长时间？
- 您享受这一步骤吗？
- 有什么是您担心的吗？
- 这个步骤最关键的是什么？
- 您遇到的主要困难是什么？是否影响您的生活？
- 您如何处理它们？

寻求改进/解决方案的追问

- 是否有类似的产品或系统给您带来更积极 / 消极的体验？
- 是否有其他产品或系统对您来说更有效？
- 您能否设想一下，产品怎样改进才能够更好地工作？
- 您想要什么？

认真做好记录

仔细准备取景

拍摄视频或照片之前，您首先需要考虑取景构图。镜头离被拍摄物品过近时，往往会把主体拍摄得很大，取景的范围相对较小，而镜头拉得太远又可能会错过某些细节。只有持续不断地练习，您才能掌握最佳的构图方式，在记录详细背景和相关细节间找到平衡。

获取高质量内容

牢记一点，您在拍摄访谈视频和照片时要保证光线充足。高清视频或照片是您制作可交付成果的前提。

不要站在窗外拍摄人物的视频，这样会把人拍成一个模糊的轮廓。

录制高质量视频的同时，不要忽视音频的质量。使用佩戴式传声器或者桌面式麦克风都能提高音频的质量。记得要在访谈开始前调试好麦克风。

○ **小提示**：可以去摄影班跟着师傅学习摄影技术，学着用相机讲故事。

做好笔记

　　您最好在访谈开始前安排一位专门的记录员做记录。分析会话笔记比重新看一遍视频要更高效。找到适合研究场景的笔记策略。不方便使用笔记本电脑的地方可以用纸笔做记录。

　　如果您不想安排记录员，可以考虑使用录音应用程序对访谈进行转录，并在事后从应用程序中拷贝好转录的文件。注意音频质量。开始研究之前，一定要提前测试音频质量和转录效果，不要到研究结束才发现录制失败。

创建讨论指南

前文提到的程序性调查和体验式调查都有一套规范的流程。我们审查过的所有调节原则都可以用在这两种方法中。您需要创建一个讨论指南，而它应该是一份简短的问题清单。

以下是一些可以应用于每个步骤的程序性问题：

· 发生了什么事？
· 在这一步，什么是重要的？
· 您对此有什么想法？
· 哪些项目是重要的？
· 需要哪些信息？
· 您与哪些人交往？
· 您能给我看看某某吗？
· 您能指下某某吗？

理解程序是这一方法的重点，可以在研究中多提一个问题，即："这一步让您感觉如何？"

为了使您的情境访谈法更具可操作性，您可以继续问："您希望获得何种体验？产品怎么改进才能带给您这种体验？"

在研究期间，您要将关注点放在对用户而言有意义、与您产品相关的内容上。在这个背景下，要让对方思考关键信息。

当提问到关键问题时，您可以追问几个问题来补充细节：

· 这让您感觉怎么样？
· 产品或服务的哪些方面给您带来了这种感觉？
· 您注意到了什么？
· 是什么让您注意到这一点的？
· 您希望您此刻感觉如何？
· 产品或服务的哪些方面需要改变才能让您有这种感觉？

您的问题需要由浅入深，探究产品或服务是怎样带动用户情绪变化的。 根据您的研究目标，您可能想了解哪个步骤或时刻是最重要的、最频繁的、最耗时的、最具挑战性的，或者人们最想改变的。

使用自我记录法时，您需要事先准备一组相似的问题，同时还需要明确地指示人们要做什么。 指示的作用是让他们了解需要记录哪些时刻。在您开始研究之前，最好和朋友一起测试一下这些指示是否清楚明了。如果指示不够明确，很可能会产生数据误差。

下面是一些关于自我记录法的问题：

· 关于"研究对象"，您注意到了什么？
· 是什么引起了您的注意？
· 您对此做了什么？
· 它是怎么带给您这种感觉的？
· 您想要什么？
· 谁在那里？
· 涉及的事情有哪些？
· 您那时在哪里？

关注重点，并围绕重点来进行提问，可以使整个研究变得一目了然。

本章回顾

情境访谈法

　　是记录关键瞬间有意义还是记录研究过程有意义？找到获得有效信息的最佳方式：是自己动手还是让您的研究的参与者为您来做。

熟悉记录手段

　　视频和照片是记录情境的重要手段。如果不在场，您可以让参与访谈者使用自我记录工具来记录关键信息。

进行高效探究

　　制定观察指南。提前确认好您所要记录的对象。设想一下如何在情境中做笔记。

原则

相关

　　介绍使用情境。

严密

　　捕捉情境中的数据需要提前规划。

远见

　　努力理解人们当下渴望发生的事情和正在经历的事情。

操作

识别情境和结果。

可视

用图片和视频来讲述情境故事。观察是一种视觉行为。

您接下来可以做什么

观察研究对象与产品的互动，您从中发现了什么？走到哪里，看到哪里，研究就开展到哪里。

第八章

相关　远见　全面　严密　操作　可视

开展研究工作

① 做好研究准备

不要低估事前准备的重要性。

② 完成设备设置

在开始实地调查之前，列出您将要用的所有东西并仔细将其打包。尽可能地做到专业。

③ 规范研究流程

重复测试您的研究方法，以确保它的可行性。

做好研究准备

在开始研究或者进行实地考察之前，您应确保各项准备工作落实到位。

您要花两到三小时的时间与一位陌生人探讨用户体验，所以务必在收集数据前做足准备工作，在访谈研究中将关注点放在用户身上，避免分心。

您也希望尽可能地集中注意力，不受外界事物干扰，但是在研究过程中的意外情况是无法避免的。尽可能对意外状况做好提前准备，是您的实验项目获得成功的关键。

完成设备设置

　　您只有在事前为研究做足准备，才能腾出足够的思考时间，专注于获取数据。以下几点需要您在参与者推门进来之前就做好相关准备。

区分参与对象

建立一个编号系统来对每个参与者进行区分。在笔记模板中记录下每一位参与者的编号。每次访谈开始之前，提前确认好参与者的编号。

录制访谈过程

如果您决定对访谈进行录制，那么就不要遗漏任何片段。确保设备的电池充满了电。

做好视频录制的前期准备工作，确保附件能够正常工作。掌握快速设置相机以及取景拍摄的技巧。提前确认好录制环境，例如，录制环境是否嘈杂？ 如果答案是"是"，那么您要为自己和参与者准备好领夹麦克风。

做好远程部署

计划是否使用屏幕共享或视频会议程序。确保每个参与者都有相关程序的账号，并在访谈开始前就登录成功。如果您的远程访谈研究需要参与者使用数字白板工具，那么您需要提前让他们熟悉该软件并教会他们使用方法。没有任何人希望在技术问题上浪费宝贵的访谈时间。

列好耗材清单

为访谈需要用到的东西列一个清单。 访谈需要的常见物品有：笔、荧光笔、笔记本、记录模板、讨论指南、设备延长线和录音设备。

签署知情同意书

　　参与者必须在访谈开始前签署知情同意书。签署知情同意书意味着参与者同意参与访谈，并允许您对访谈全过程进行录音。下面是一份知情同意书范例，供您参考。

说明

　　我们诚挚地邀请您参加本项访谈研究。我们这项研究的目的是了解您的产品偏好以及用户体验。本知情同意书将提供给您一些信息以帮助您决定是否参加此项研究。如果您有任何问题，请随时联系我们。

要求

　　我们会对访谈过程进行录音录像以供后续分析。录音不会公开，只供研究团队使用，以便根据您反馈的信息对产品进行即刻修改。

　　为保护您的个人隐私，您的姓名也不会出现在任何研究报告和公开出版物中。此外，您在参与过程中提出的所有想法、建议都是无偿的，研究小组可以自由地使用所有这些想法、建议，而无须承担任何义务。

您的权利

　　您参加本项研究是基于自愿的。您若拒绝参加本项研究，不会受到任何惩罚或丧失本应获得的权益。

问题

　　如果对该访谈研究有任何疑问，或对参与者的权利有任何疑问，您可以随时联系研究小组（联系信息在下面）。如果本同意书有任何让您不明白的地方，请在签字确认前询问研究人员。

研究人员姓名：

电话：××××××××

电子邮箱：researcher@email.com

参与者签名：

签署日期：

准备工作

　　提前熟悉访谈提纲，做好脱稿准备。提供一份活动介绍，让参与者提前熟悉主题。回顾一下第四章讲到的该做什么和不该做什么。

练习材料

　　如果您准备将用户拼贴设计作为访谈研究的一部分，请提前准备好所需材料。准备好空白的画布，并打印和整理好拼贴材料，避免到时候手忙脚乱。

规范研究流程

在开始实地调研后再对研究方法做出修改是很麻烦的，您最好确定一个可重复操作的规范性研究流程，以方便更高效地处理数据。

为了防止在访谈研究中对方法进行修改，您应该在研究正式开始之前多进行几次测试，确定研究方案的可行性。这将确定人们是否表现得像您预期的那样，以及确定该方法是否得到了您需要的信息，从而使您的研究工作更高效。这一步骤叫作"先导实验"。

先导实验让您在收集数据之前便可以对研究方案进行修改，将您的研究流程固定下来。在先导实验中对研究方法做实时修改能够保证研究的可操作性。

在进行先导实验时，您需要把它当作一次真实的访谈来进行。需要注意一点，在访谈开始时，您可能会下意识地把研究重点放在参与者上，所以您需要提前告知参与者，您关注的是研究方法的可行性，而非他本人。

询问参与者在想什么，让参与者知道您在想什么或想从他们那里了解什么、他们如何用自己的语言来表达对某件事的看法，比如对您研究标题的理解等。这些问题将为如何修改您的研究方法提供帮助。

先导实验完成之后，确定有哪些部分需要做出修改，并对研究方法进行完善。如果有必要的话可以再进行另一个实验，以确保之前的问题得到解决。您可能需要多次尝试才能达到目的。结束先导实验后，您确定下来的研究流程便可在后续的访谈中多次重复使用。

本章回顾

做好研究准备

提前做好研究准备，以消除可控误差。

完成设备设置

在进行访谈研究之前，您需要考虑用户的知情同意权、技术准备工作、数据采集方式以及所需材料。准备工作是研究开始前的主要关注点。

规范研究流程

在正式进行研究并收集数据之前，您需要对每种研究方法加以完善。您可以将完善后的研究过程流程化以供后续重复使用。

原则

相关

先导实验确保研究目标的实现。

严密

在开始收集数据之前完善计划可以将您的研究过程流程化，这样您就可以快速识别模式。

您接下来可以做什么

为所有需要的东西列一个清单，将一切事情都提前安排妥当。

第九章

相关 远见  全面  严密 操作 可视

寻找大创意

1 编码数据

将不同参与者的相似想法进行归类。

2 确定主题

对归类的想法进行分析概括。

3 综合主题

将已经归类的想法编入数据桶中。

编码数据

现阶段，您已经拥有了一套独特的研究方法。经过多次的重复，这种研究方法形成了一个结构化的流程。本节的目标是对有共同想法的参与者的陈述进行区分与记录。

从数据到用户洞察

　　到这一步，您的研究已经全部完成，是时候对研究结果进行深入分析了。分析综合数据的方式决定了最终可交付成果的质量。通过对您在研究中收集到的数据进行分析，您可以使实地考察期间收集的所有数据变得有意义。数据分析是最终实现用户洞察的基础。最终用户洞察是最后结论的组成部分，您要做的就是将这些部分组织起来，使其形成一个逻辑和连贯的整体信息结构。

1. 清洗数据

　　对访谈记录进行整理。

2. 编码数据

　　按照您记录的信息的相似性对不同种类的数据进行区分编码。这样就可以一次专注于一个主题。

3. 按照主题对数据进行分类

　　将每个代码中的笔记集中到一起，就可以实现一次只关注一个代码。

4. 主题表

　　突出与代码相关的想法。找到模式，采用主题陈述的方式对模式进行总结。

5. 创建数据桶

　　数据桶用于存储类似想法的主题陈述。

笔记账号

参与者账号

主题或问题

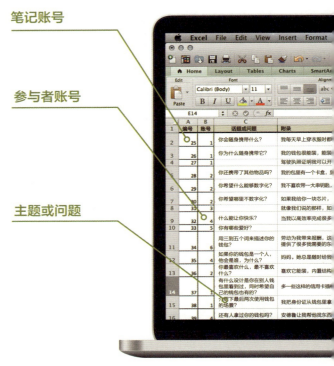

清洗数据

　　所有的访谈结束之后，您就需要对笔记做进一步分析。数据分析的第一步就是对缺失值进行清洗，确保数据源、控制系统和票据编号等关键信息不会遗漏。

　　回顾一下第五章的笔记模板，您需要首先创建一个代码列，在这一列中分解数据集。随后，您将在此代码列中对数据进行过滤。

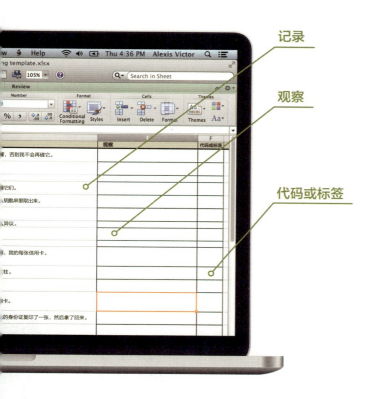

记录

观察

代码或标签

数据整理与编码

访谈结束后，我们通常会收集到1200至3000行的项目数据。数据的获取来源多种多样：不仅有通过自我记录获得的当下的用户体验数据，也有从拼贴活动中获得的用户理想体验数据，还有利用用户感官线索获取的有关"产品是怎样的"的数据。这些不同来源的数据按照相似性被区分在笔记不同的章节栏中。

希望您当前已经熟悉了 Excel 等软件的使用。在最开始，数据是根据访谈顺序排列的。与您交谈的第一个人的数据在上面几行，而您最后一次交谈的数据则在底行。

您应该按您需要的类别对数据进行分组，而不是按参与顺序分组。在分组之前，确保您已经对数据进行了清洗，并添加了笔记、参与者编号。这点至关重要，没有这些数字，您很难将数据结构化。

将数据按照您的需求进行结构化排列之后，数据会更清晰、便于检索。这一步完成之后，您就已经将类似的数据成功归为一组了。

编码数据

对类似的想法进行分组，以寻找各类想法中蕴含的共同故事。将大量数据按照相似性分解成可管理的数据模块，以便通过"主题图表"进一步处理（本章后半部分会对其进行详细论述）。这些数据块包含类似的想法，可以让您专注于一个主题。

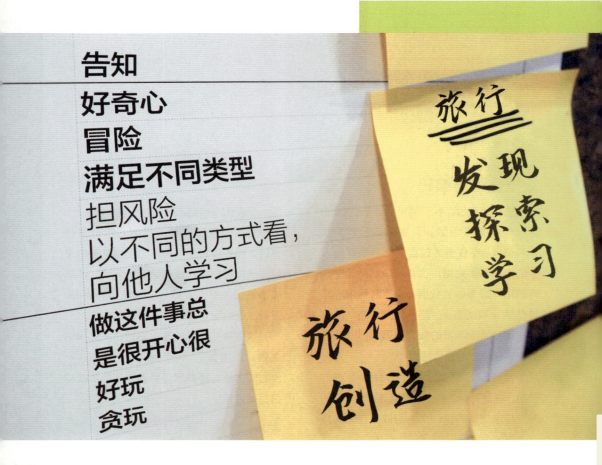

　　在研究过程中，您可能会反复听到某种相似的表述。

　　例如，在访谈过程中，一个人说："我希望我去哪里都能带着它。"另一个人说："我希望能把它放进口袋里，这样我去哪里都可以带着。"还有人可能说："我希望它是便携的。"其实每个人讲的都是关于便携性或易于携带的故事。

　　开始编码之前，通读一下您在研究中做的所有笔记。注意每一节中的故事和想法，阅读时把重点放在寻找不同人的类似想法上。您要了解参与者在研究中反复表达的主题或想法。记录下这些主题，这将成为您的代码列表。

　　您要在代码栏中给每个相似主题的笔记一个类似的代码。

　　我们发现，大多数研究最终会得到20～30个代码，代码数目取决于您收集到的数据集的大小。为了后续能做到快速编码，您最好将代码记在脑子里或写在纸上。根据我们的经验，30个或以下的代码数是最合适的。

A	
#	代码
101	易于使用
102	详细资料
103	自定义/设置首选项
	给我选择
	我喜欢这个设计

A	B	C	D
数据源：	代码编号	说明：	代码说明：
当前情绪	201	恐惧，焦虑和痛苦；担心	我感到害怕和紧张
当下情绪	202	不受控制；想控制自己	我觉得我无法控制
当下情绪	203	愤怒与失望	我对自己感到愤怒和失望

代码列表

在阅读数据时，您就可以在脑中试着把相似的说法列成代码清单了。通读笔记，对重复出现的想法有了全盘把握之后，您就可以着手创建代码列表了。

每个代码都应该有一个名称、定义和编号。用描述性的名字或短语给代码命名，以方便记忆与区分。

建立了代码列表之后，您就要给代码编号。我们通常使用一个三位数字来为代码进行编号。第一个数字代表数据的类型或者数据来源，第二、三个数字用作区分。比如，100左右的代码表示当前体验，200左右的表示理想体验，300左右的代表"这是"。

代码簿

如果您正在处理一个大的数据集合，或您的研究团队中有很多人在同时进行一项分析工作，您最好准备一个"代码簿"，将所有信息囊括在内，以确保所有的编码员都会按照完全相同的方式进行编码。

要想实现这一点，您就需要试着对每个代码添加补充性的定义。例如，对"便携性"下补充定义：可以装在包里随身携带。如果您有很多类似数据，要提前判断哪些信息是有用的、哪些信息应当被排除。例如，"便携性"代码应该包含小型手持物品，其他大型手持物品则应被排除在外，因为这些东西属于另外的代码。

提示：一份笔记里可以有多个代码，用逗号对它们作区分。

笔记里应尽可能多地记录信息，包括对代码的描述，以帮助团队成员采取同样的方式进行编码。

	E
该代码包含哪些内容？	
感到害怕、有一种难以名状的恐惧感(如窒息)、使用煽动性/吓人的词语、担心、焦虑或紧张。	
有种无法控制管理、感到沮丧、无法预见、负担感或是被限制、无法戒掉坏习惯、负担、诱惑、无法做以前能做的事情。	
对自己生气或失望、对这种情况感到愤怒、恼怒、羞愧。	

	F	G
	Note	**Code**
	苹果手机！我有一部手机，但我想要一部更大的。我也不知道为什么越大越好。	100
	我会买一些不必须的东西，比如玩具，我的钱都是做家务和过生日时得到的。	100
	我不会乱花钱，也不把钱花光。此外，我明白钱很宝贵。	100201

应用代码

　　现在，您已经成功创建了代码列表，其中包括有编号的代码、描述性的标题，以及详细的代码簿。现在是时候对数据进行实际编码了。首先您需要在电子表格中创建一个代码列。然后通读每条笔记，并决定它应该属于哪个代码。重复上面的步骤，直到每条笔记都被编码完毕。

　　一类数据却需要多个代码的现象很常见。有时一条笔记需要用两个、三个或更多的代码来概括。

　　如果您只有一类数据，其中却有两个或更多的故事，那么您只需要复制粘贴该行数据，然后根据需要添加额外的代码，并在代码栏中输入合适的代码编号。

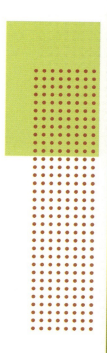

按照主题对数据进行分类

您现在可以通过电子表格中的过滤器功能来对数据进行过滤和筛选。

在对所有的数据进行编码后，计算一下有多少人提到了某一个特定编码中的想法。如果人数占总人数的25%～30%，就说明这一想法具有研究价值。举个例子，如果您访谈的10个人中的3个都提及了对产品"便携性"的期待，那就说明这个想法是有价值的。如果只有1个人提到它，那么这个想法就可以被忽略掉了。

所有数据都被编码完成之后，您需要判断哪些代码可以被进一步利用。我们使用25 %～30%的参与者数目作为临界值。占总数25%～30%或以上的参与者所提到的想法才有进一步利用的价值。

您可能会看到一个有很多数据行的代码，但这些数据行都来自一个人，这种情况下的数据就没有利用价值。

您应掌握电子表格软件的使用方法，电子表格软件的"计数"功能可以帮您找寻到有价值的想法。

您还应当学习通过电子表格软件来创建数据透视表。这一功能能够帮您确定代码被选择的次数。

这样您就可以避免在没有研究价值的主题上浪费时间。如果您还没有学习过电子表格软件，您也可以手动计数。如果某个代码只有一两个人提到，您就可以将其剔除。

确定主题

数据编码完成之后，您需要对其开展进一步分析，区分多个参与者共有的意见。

这些意见被纳入"主题陈述"部分，可以准确地反映每个人的想法。拥有基于多个参与者的主题可以确保研究的可操作性和结论的可靠性。

主题表既可以是在电子表格软件中呈现的数字形式，也可以是通过笔记被记录下来的文字形式。总之，您可以根据个人偏好做选择。在使用主题表时，您往往需要保持几个小时的专注时间，所以要选择一种能够让您保持专注的模式。最好事前准备一支荧光笔。

主题表

您将需要一个原始数据列和一个参与者编号列。这里的数据是前文提到的有价值数据，如果是低频数据便可以删除了。

您需要将高频代码的原始数据打印出来，并对您创建的代码列中的每个代码进行筛选。例如，"便携性"的代码是302号，那么您需要用过滤器筛选出302号代码并只看代码302的注释。

现在，您需要把所有这些笔记打印出来，我们称之为"主题包"。您也可以导出一个PDF格式的文档。如果您偏好数字化工作，也可以继续使用电子表格软件。

多个参与者共有的想法将构成可交付成果的基础。

浏览一下主题包，牢记代码定义。可能有一些数据直接和多个代码相联系，您可以通过模式查看您的主题数据包中的数据，突出与该代有关的想法。

您在这一过程中会注意到不同的思想或主题。把这些写在您的主题表上，每行一个想法。突出数据包中的所有数据，您可以使用主题表来识别不同的想法，并对提出这些想法的参与者进行标记。统计每个主题包中的想法，在您的主题表的行中写下参与者账号，并在旁边记录下出现的想法。每一个新想法都应该被添加到您的主题表中。注意，重要的是不仅要做主题陈述，而且还要记录下是谁说的。 这样您的研究就可以建立在高频数据之上，而不是那些单个数据和不起眼的用户洞察上。

当您完成主题包之后，您要统计与每个想法相关的参与者数量，识别出高频想法，即在25 % ～ 30 % 或更多的参与者中存在的想法。众人共有的想法会发展成为主题陈述。您也可以回过头看看那些不怎么被人提到的想法，看看它们是否有什么可利用的价值。

○ **提示**：全神贯注，不要分神。制作主题包时最好准备一支荧光笔。

主题号码

用一个数字代表一个主题，以便参考。

代码

阅读主题包时产生的想法或关于主题的记录。

拼贴材料号码

如果使用了拼贴材料，将用到的图像材料记录下来。

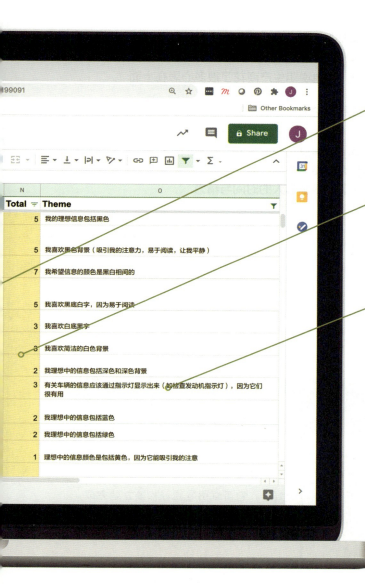

参与者人数

如果参与者想法与主题一致，那么您需要记一个数字。

总数

用 SUM 函数[1]进行求和，确定有多少参与者的想法与主题一致。

主题陈述

创建一个完整的句子对主题进行补充（规则及示例见下页）。

---

① SUM 是最常用的求和函数。——编者注

409	602	No Robots	
409	603	No Robots	the food is made fromscratch from start to finish, made with care is m
558	401	着手准备	我喜欢包装上的手写文字描述，描述详细到(是熏制大蒜而不仅仅是大蒜 这些描述让人觉得很……
558	403	着手准备	手写很费时，这也说明生产商花了很多心思在上面
622	503	着手准备	手写标签对我来说是一种额外的……
558	201	着手准备	给人感觉是小众产品，价格不菲，手写的成分 小批量而非大规模生产的产品 这其中倾注了更多手艺人的时间与精力
604+4	301	Hands On Prep	the imagery focuses on peoples hands and doing things

主题陈述范例

情绪	解决办法
我希望等我到了老年也可以独立生活。我可以自己照顾自己，不给家人带来负担。	登录页面上要是有辅助程序就好了，它可以引导我轻松独立地完成任务。
我明白未来是不确定的，所以我想做好储蓄理财。	我希望我的公寓楼下有一个小超市或便利店，回家的时候随便买点吃的就很方便。

包装上手写的成分表以及细节给我传达了一种"精心制作"的感觉

主题陈述

　　您的每一个模式化的主题都可以转换成完整的陈述。每项陈述都要做到清晰且可操作。不同陈述所包含的信息是相互独立的。一个写得好的主题陈述要包含"它是什么"和"它为什么重要"。使用第一人称来代表用户是主题陈述的关键。在写主题陈述时保持数据的真实性是非常重要的，不要编造事情。

　　您最终的主题陈述应该与主题表保持一致，以确认数据都已汇入了主题中。

当前	流程
我好难受，我试着食疗，也买了很贵的药吃，但是病情仍然没有好转。	诊断之前，我发现我有一些症状，所以我去看了医生。
目前，我通过与顾问交谈或访问当地分行来了解储蓄机会，因为我更相信人而不是网站。	在购物时，我想知道在我刷信用卡之前，使用优惠券或积分能省多少钱。

主题页

　　完成主题陈述之后，把它们分类存放在数据桶中。数据桶是利用分桶来对数据进行分区的一种优化技术（我们将在本节后半部分具体阐述）。这些数据桶最终将成为您创建体验模式的基础。

　　主题页上包含了很多相关信息，您也可以在此引用原始数据包的数据。在很多情况下，您需要不停地对照笔记，确保您对陈述的理解不会出现偏差。

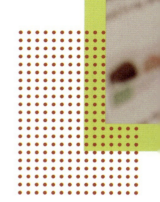

○ **提示**：根据每页所代表的数据类型，例如当前的经验、理想的经验背景等选用不同的颜色进行编码。

主题贴纸示例

颜色代码 / 类别
用一句话进行主题陈述。
编码、标签、支持信息：

刺激

您可以使用能够自动创建页面的软件。您可以选择将主题页打印在贴纸上，也可以导出到线上白板应用软件上。您需要找到一种快速创建页面的方法来组织数据。

我们一般：

· 把主题页打印出来，贴 / 钉在一起。
· 在大幅便利贴上写下您的主题陈述。
· 在数字化工作空间中创造它们。

页面做好后，您需要把它们贴在白板上，或上传到软件上。

在半页的贴纸上打印主题时，我们将贴纸背面的前三分之一撕掉，以便可以将其粘在白板上。

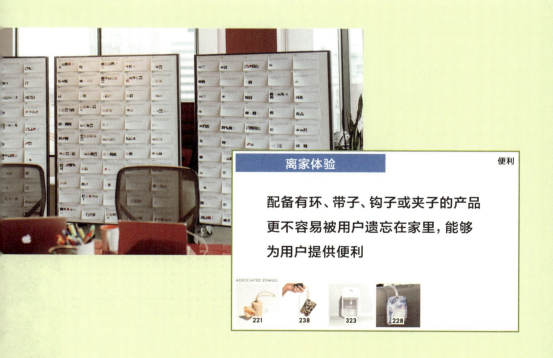

离家体验

便利

配备有环、带子、钩子或夹子的产品更不容易被用户遗忘在家里，能够为用户提供便利

ASSOCIATED STIMULI:

221　238　323　228

综合主题

　　综合主题的目的是将主题陈述按逻辑组合成一个连贯的故事。"讲故事"在这里指的是用一种清晰易懂的方式如实地呈现数据。一个项目通常包括150～300个主题，这些主题是碎片化的故事。

　　故事应该足够简单，可以置于一页纸的框架内。把它想成您的电梯游说（即用极具吸引力的方式简明扼要地阐述自己的观点）。

创建数据桶

为了组织故事，我们应当创造一个数据桶。数据桶是一组有着相似想法的主题陈述合集。创建数据桶的目的是整合思想、表达数据中的关系。您的单页框架将建立在数据桶中的数据之上。每个数据桶都可以作为您故事的一个章节。

您需要对有相似想法的主题进行分组。阅读每个主题时，思考它是否符合现在的数据桶标准。如果您不能确定这一主题应该放进哪一个数据桶中，那就创建一个新的数据桶。注意不要强行将不合适的主题塞进数据桶里。

回顾一下关于理想体验的剖析，有"这是……""我觉得……"，以及"我是……"等元素。将主题归入这些类型的数据桶中。在构建故事时，这些分类会派上用场。

确立数据桶的雏形后按主题回顾一下每个数据桶，以确保它们能一起工作。

注意不要在单个数据桶上花费过多的时间。

合并数据桶

理想的数据桶数量为6～10个。 如果您的数据桶很多，可以考虑将其中一些合并。我们经常把几个桶合并成一个桶。您可以将相似主题移动到同一个数据桶中。

命名数据桶

您可以在任何时间给您的数据桶进行命名。注意不要花费过多时间，因为数据桶随时可能被删除。

如果您觉得这个数据桶可以保留，便可以继续为它命名。例如对"我感觉"和"它是"数据桶进行区分，并补全"我感觉""我是"以及"它是"数据桶。补全名称之后，仔细阅读它们，找到您想讲的故事。

接下来，我们将在下一章进一步讨论如何构建您的单页框架。

应当做	不能做
要以数据为导向，把关注重点放在数据上。在许多情况下对主题进行提炼，剔除无效主题。	注入偏见，把重点一直放在参与者的陈述上。如果您的主题比较复杂，它可能需要被分解成单个想法或重写。
按照数据类型来建立数据桶，完成类似主题的陈述（例如，"它是""我感觉……"）。	迫切寻找解决方式。一旦了解了人们想要什么，就立马开始做。
直接删除不符合要求的数据桶。将主题置于合适的数据桶中。	按照自己的主观想法创建数据桶。数据桶不是一个待办事项清单。
	不想删减数据桶。专注于您正在制作的故事。
	单独行事。成功需要团队的共同努力。
	花费大量时间在某个不能确定归属的主题陈述上。如果不能确定它的位置，可以先放一边。
	总是想获得同伴的认可。如果数据桶出现了问题，重点是修复它们。
	将主题的频率与主题的重要性混淆。某个主题出现的频率高并不意味着它的重要性就高。

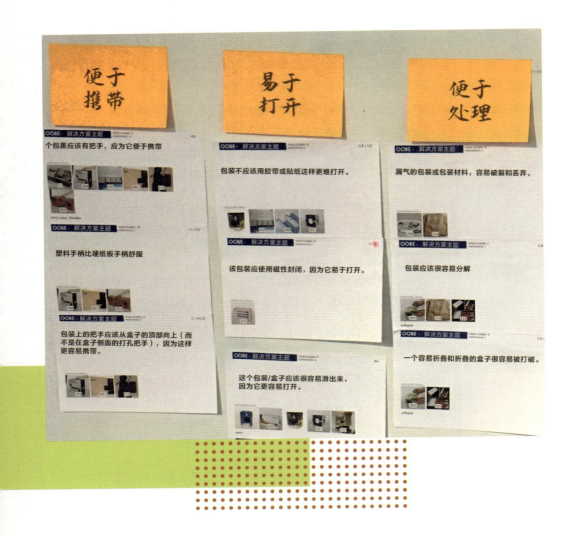

现在，您已经选定了研究方法。试着重复您的研究方法，验证它的可行性。分析主题之后就要开始构思您的故事，思考一下故事中有没有缺失什么信息，以及如何补全这些缺失的信息。

本章回顾

数据编码

　　代码描述了数据中的各种故事。创建和使用代码使您能够将相似的想法组合在一起。

确定主题

　　主题是占总数25％及以上的参与者的共同见解。这是您后续用户故事的组成部分。

综合主题

　　将主题纳入不同的数据桶中。删掉故事中不重要的部分，建立一个框架。

原则

全面

　　将分组数据编码为情绪、效益、特征和感官线索等。

严密

　　对不同的参与者数据进行区分，确保调查结果具有代表性。

可视

　　在分析利用投射技术获取的数据时，您要明确拼贴材料的含义。将刺激数据放在主题页上有助于根据常见的视觉主题来组织故事。

您接下来可以做什么

继续学习电子表格软件的使用，确保您可以用软件完成本章的所有工作。

第十章

相关　远见　全面　严密　操作　可视

讲好未来故事

1 用户体验模型

将研究成果以框架的形式整理在一页纸上。

2 设计资料书

资料书作为一个可交付文件，可用于展示您在研究中得出的结论。

3 创建故事板

故事板能让未来的故事变得生动。

用户体验模型

在收集了有关用户体验的信息后，您需要将收集到的用户体验数据整合起来，创建一个直观的数据模型，把复杂的信息用一种通俗易懂的方式呈现出来。模型可以帮助您以一种清晰、易消化的方式讲述用户故事。

模型还能确保故事简洁明了，增加其可读性。这与电梯游说有着类似的内部逻辑，要直奔主题和结果，表达关键信息，忽略次要信息，从而为双方节约时间成本和沟通成本。信息过载会让人不堪重负，所以最好还是把您要讲的用户故事记录在一张纸上，帮助读者了解您的研究。

在讲用户故事时，您可以巧用图表来梳理研究涉及的各种复杂关系，如因果关系、层次结构或序列，因为图表可以清晰地描述主题之间联系。

如何描述
一个新项目才
能让社区里的
人接受它？

描述千禧一代[①]
的消费者有哪些生活
追求。

描述理想汽车控制和
显示的效益及特征。

① 指出生于 20 世纪末，且在 21 世纪（即 2000
年）以后达到成年的一代人。——编者注

用户理想体验剖析

在开始建模之前，让我们来回顾一下前面章节提到过的用户理想体验剖析的四个原则。我们的框架通过特征和效益将设计属性与用户情感体验相联系，它们之间的联系可以为您提供产品以及服务的创新灵感。

1.情绪

情绪始终都是用户体验的核心要素。用户在与产品、服务或系统互动时都会产生某种情绪。我们认为，创造和加强用户黏性要以用户情感和需求为基础。营销学里有这么一句话："消费者购买的不是产品，而是感觉。"

2.效益

效益可以在产品、服务与用户情绪间建立某种直接联系。效益有时是以"我"为中心，例如"这让我可以专心路况，给我带来安全体验"的核心效益是"让我专注"。效益也可以是以产品为中心的。例如，"我坚信我的手机永远不会坏"的核心效益是"它永远不会坏"。

3.特征

用户大致了解了自己渴望什么产品效益之后，便会把这些想法投射到产品或服务之上，形成对某种特征的期待，通常体验在产品的特定功能、技术或交互上，如触摸屏、手势界面或防震。

4.感官线索

产品、服务或系统还需要利用一些特定的属性或感官线索（如外观、感觉、气味或行为等）来满足顾客的需要。

建模流程

　　建模是一个需要不断重复的过程。您需要多轮重复工作才能找到一种完美的数据呈现方式。想在单个页面上高效地展示数据很难。

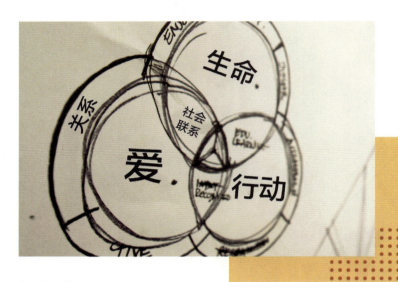

1. 草图

　　让您的团队试着使用不同的建模方法去探索和描绘出数据中的关系。寻找数据桶之间的关系，让数据自己说话。

2. 对比

让您的团队成员分享和比较他们的草图。每个人采用的方案不同，他们的最终模型也会存在差异。观察一下他们的模型有哪些共同点，又有哪些独特的见解和联系。为您的模型确定一个大概方向，并确保它能准确地解释参与者在研究过程中所陈述的信息。

3. 渲染

在得到一个能够准确表示数据的最终模型后，对草图进行渲染完善。

模型的类型

　　模型的类别是由数据类型确定的。如果研究是一个线性过程，那么层级模型可能是最好的选择。如果数据是关于经验的解剖，那么放射状模型会更清晰明了。下面是几个模型设计的例子。

层级模型

　　层级模型的结构显示了相互叠加或构建的元素，可以用于构建用户流程图。

聚类模型

　　聚类模型使用重叠的集群，不同集群间有着共享的集合、兴趣或责任。有时模型会在重叠部分形成一个新的区域。

放射状模型

放射状模型的外部元素与中心元素连接在一起，可以用来描述理想体验中涉及的步骤。

全方位美容体验

保养自己是一件令人愉快的事情。

我先深入清洁皮肤，杀灭并防止病菌传播，同时为皮肤补水。

保护我的皮肤、头发和牙齿免受伤害，提升我的形象

我恢复了活力
我的身心和精神都得到了放松、充满活力。

我拥有自己想要的形象
我的造型适合我，也是我个性的外化。

我觉得自己很有魅力
在别人面前我感到自信，我引人注目，能够给别人留下好印象。

我感到自信
我知道自己看起来精神饱满，无所不能，我感觉良好，能够享受生活。

这一过程令人愉悦：
这一过程舒缓我的心情，放松身心、新造型的每一个细节都是我精心设计过的。

这一过程有效：
护理过程安全有效，采用最新技术，功能强大、持久，适合我，能够满足我的需求。

这一过程毫不费力：
我的日常护理简单快捷，确时随地获得我想要的效果。

227

设计资料书

为什么要花费很多时间，将您的研究以书的形式呈现呢？简单来说，这种呈现方式可以增加您研究的价值。

讲述故事

将您的研究结果呈现在资料书中，并在此基础上进行扩展，讲述一个清晰的故事。相较于以往那种将一系列研究成果堆砌起来的方法，书能让您的研究成果更清晰明了，而且具有可操作性。

吸引读者

以书的形式呈现，增加了研究的可读性，也增加了人们的关注度。回忆一下您有多少次在看演示文稿上的条形图时走神了？ 实体书可以使您的研究变得生动，不再是枯燥的陈述。

特立独行

书作为一种实体，是可以让您实实在在握在手里的东西，而且具有独特性。人们在关注您研究结果的同时，可以和他人一同讨论某一页上的内容。

寻觅灵感

先给自己一些灵感，情绪板或者包含设计和美学理念的拼贴练习都可以让您从杂乱的思绪中梳理出一个大致雏形。

现实生活里的任何元素都可以作为情绪板的素材。如果怕麻烦，可以去设计师灵感网站上寻找灵感。当您为情绪板收集素材时，要考虑颜色、字体、图形元素和照片等，并对您的项目有一个清晰了解。

情绪板

通过创建情绪板为您的书籍确立设计方向。

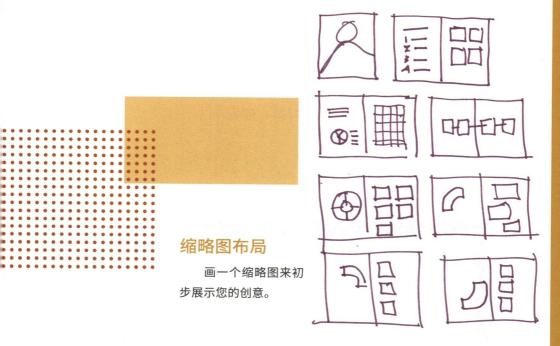

缩略图布局

画一个缩略图来初步展示您的创意。

提纲挈领

有了大概方向之后，您可以尝试列一个提纲。

提纲通常由三个基本部分组成。

1. 前期准备

   这部分是您的大体思路和研究方法。

2. 模型内容

   这是您的研究内容的主体部分。

3. 接下来的任何步骤或其他细节

   您要在这一部分确定书中将要呈现的页面类型。

   比如，书分为几个部分？怎么样布局？创建一个大纲可以帮助您在书中考虑所有可能的研究方向，并确定最终方向。

确定布局

　　您现在在脑中已经有了对书的大概设想了，接下来要想一想不同的页面应该怎样布局。先画一些小草图，画完后要确定哪种方案可行，随后将其上传到电脑上。

ADOBE INDESIGN

　　ADOBE INDESIGN 是 Adobe 公司的一个桌面出版（DTP）应用程序，主要用于各种印刷品的排版编辑。您要事先考虑好页眉大小、段间距，然后创建网格系统，确定段落样式和母版页。

查找图片

　　您的下一项任务是收集以图像为主的相关元素并完善这本书。根据研究类别，您可以选择与用户情绪相关的图像或产品，以及与体验有关的感官线索图像。总而言之，找到合适的图像是让您的研究变得生动的关键。回看研究过程中选取的拼贴词和图片，您就会明白应该在书中使用什么图片。花些时间在互联网上寻找您想要的视觉效果。作为从业者，我们建议您使用免费的资源，Unsplash、Pexels 以及 Canva photos 可以为您提供与情绪相关的图像，Pinterest 或 Dribbble 上有感官线索图像。遇到困难不要气馁，您制作的书越多，就越熟悉制作流程，同时也更容易找到您需要的东西。

感官线索图像

　　用 Pinterest board 软件上提供的图像来描述您的产品。

体验式图像

　　体验式图像与人们在情境中获得的体验有关，能够唤起人们理想的情感状态。

玩得开心！

　　一切都准备就绪！收集完图像并准备好模板之后，您就可以开始设计这本书了。直接按照模板设计是最简便、快捷的方法，但是请记住，设计不是一成不变的。如果您在设计过程中发现某一部分模板不合适，就把它删掉。设计书的目的是帮助用户更直观地了解您的研究，并对您的产品产生某种期待。如果您设计的书做不到这一点，请利用您的视觉设计感和创造力，继续改进。

研究概述

　　本研究旨在加深俄亥俄州中部粮食银行对普通民众有关饥饿观点的了解。列克坦（Lextant）公司进行了深入访谈，以了解人们对粮食援助的看法、印象和判断，以及判断哪些事项会对帮助他人造成障碍。这项研究是其全面工作中的一部分。

对食品援助的看法

　　列克坦公司试图了解人们对当前食品援助系统和该系统管理者的看法，包括正面和负面看法。每个人都有许多和他人一致的看法，同时这些看法的细微差别也揭示了每个群体的差异。

群体概况

　　列克坦公司开展此项目的目的是将普通人群划分为不同的细分群体或人群，以便粮食银行能够深入了解他们的观点，并在此基础上实现更有效率的沟通。这些细分人群的分类标准基于他们对食品援助的看法。其中收录了许多内容，包括人物形象和口头禅，这些片段有助于使调查变得生动活泼，让团队记忆深刻。

重要见解

　　在所有研究结果中，有六个需着重关注的主题。本节重点介绍这些出现在整个数据集中的首要主题、许多参与者提出的重要观点，以及特别相关的见解，这些见解清楚地说明了粮食银行未来的机遇与挑战。

美丽研究

　　上图以及后页，是我们为了让俄亥俄州粮食银行的董事会成员了解那些接受粮食援助的人们的想法而制作的一本书。

目标和宗旨

目录

研究方法

我们与谁交谈

大创意

用户细分 & 细节

感知

创建故事板

　　故事板作为用户体验的视觉表征，可以对概念、情景或互动的图解叙事进行描述。故事板有三大好处。

了解用户体验的背景

　　故事板的顺序性叙事可以让设计团队清晰地了解事件起因以及后续影响。故事板在全方位展示产品设计流程的同时，也可以生动展现用户的情绪变化。故事板通过展示现实案例，确保设计团队在设计时不会遗漏任何关键要素。

与用户建立情感联系

　　显示用户的影响。让用户的目标和愿望成为故事的一部分，除了介绍先前产品存在的问题以及解决方案之外，还要强调产品能够为用户带来的情感体验。情感体验是故事板的重点，应该将大量篇幅放在产品对人的影响上面，而不是产品、服务或系统的局限性。用户之所以愿意花时间看您的故事书，是关心产品能为他们带来的体验。

评估产品设计想法

　　故事板是向消费者展示产品的一种低成本途径。向消费者展示故事板，使他们了解故事板中的产品或方案的可行性。故事板逼真度的高低将决定用户反馈的具体程度。低保真度的故事板会让读者判断书中的方案或想法对他们来说是否有用或可取，而高保真度的故事板则会让用户发现潜在的问题。

1

丹史密斯打电话来了。可能跟这次费率上调有关。

2

嗨，丹，您女儿怎么样了？

她很好，我打电话来是因为我的费率涨了，您能告诉我原因吗？

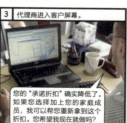

3　代理商进入客户屏幕。

您的"承诺折扣"确实降低了。如果您选择加上您的家庭成员，我可以帮您重新拿到这个折扣。您希望我现在就做吗？

4

您的大部分信息都已经填好了。我还有一两个问题，我们现在就可以绑定，您可以用手机发送电子邮件。

行！就这样吧。

5

哦，不！我把新的交易记错卡了！不知道现在改来不来得及。

6

嗨，史密斯先生我能为您做什么吗？我看到您的代理刚刚添加了一份保单。

是的！我需要修改我的交易信息。

7

没问题，现在就可以改。

好极了！

8　代理收到通知……

故事板制作流程

1. 准备脚本

下面是一个介绍数字钱包概念的脚本。这个脚本重点介绍了数字钱包为用户带来的好处，同时展示了数字钱包的一些关键功能。脚本由六个部分组成，建构了一个清晰且突出重点的故事结构。

商场里，我们的用户正在考虑她要去哪家商店购物。

· 她接近一家门店时，她的数字钱包应用程序发出提醒，她有一张这家门店的礼品卡还没使用。看到这个消息的她很高兴，二话不说就选择进店消费。

· 她在商店里选购商品，时刻提醒自己的预算是50美元。

· 当她靠近一列衣架时，数字钱包应用程序通过全球卫星定位系统同步了她的位置，并从数据库中检索出了相关的优惠券。应用程序能自动查找优惠券，这让她很意外。

· 她查看电子钱包，发现钱包里已经设置好了她的预算，并添加了她之前领取到的商店礼品卡和优惠券，显示了她可以花费的总金额。她发现用完优惠券之后，她的预算可以支持自己购买两件商品，而不是只购买一个。

· 她准备用电子钱包结账时，发现电子钱包已经根据她的全球卫星定位系统位置出示了相应的礼品卡和优惠券。她还注意到，虽然她很少使用这张商店联名信用卡，但是电子钱包会记录下她在该地点使用了此信用卡，并在下次使用时进行推荐。

2. 绘制草图

将脚本文字以草图的形式呈现。

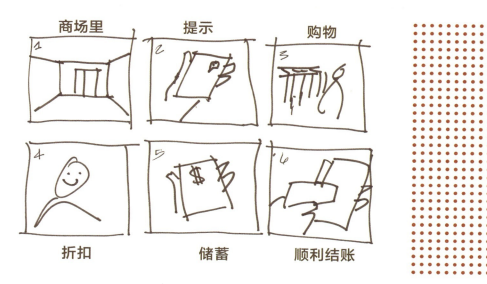

商场里　　提示　　购物

折扣　　储蓄　　顺利结账

3. 敲定故事板

让画师根据脚本为您绘制故事板。

我该去哪家商店？

哦！我忘了我有一张这家店的礼品卡，应用程序感应到我就在附近。

我需要一件上衣和一双鞋，但我预算只有50美元。

我的应用程序与我的位置同步，给我提供了这一货架的优惠券。这些上衣全部优惠5美元，太好了！

应用程序显示我的预算是50美元，但使用礼品卡和优惠券后，它计算出来我能买85元的东西。

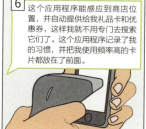

这个应用程序能感应到商店位置，并自动提供给我礼品卡和优惠券，这样我就不用专门去搜索它们了。这个应用程序记录了我的习惯，并把我使用频率高的卡片都放在了前面。

239

本章回顾

用户体验模型

在一页纸上介绍用户的理想体验。

设计资料书

书能让用户的理想体验变得生动直观。

创建故事板

故事板介绍了产品为用户提供理想体验的过程。

相关原则

相关

回答了研究提出的问题。

远见

为读者介绍了他们理想的用户体验。

全面

将研究对象与理想体验之间的联系可视化。

严密

展示数据模式。

操作

以清晰和结构化的方式描述研究结果。

可视

用图像吸引读者。

您接下来可以做什么

探究理想体验模型、书、故事板之间的关系。思考您理想中的外出就餐体验。

· 外出就餐能为您带来何种就餐体验？餐厅要做什么才能为您带来舒适的体验？您希望餐厅怎样给您带来这些体验？

· 创建一个描述理想体验的图或模型。

· 找到描述每种体验的图像。

· 想出一个能为用户带来理想体验的解决方案，并创建一个故事板来描述它。

附录

章节	相关	远见	全面
1 巧用用户体验		对理想经验框架进行解剖的目的是了解人们理想的用户体验	理想体验框架的剖析描述了完整的用户体验，并将它们与现实中的事物联系起来
2 选定研究方法	研究成果需要与您的最终设计目标相联系		
3 寻找目标用户	选择那些真正会购买和使用您产品的人来作为研究对象		
4 开展有效访谈	您所问的问题必须与研究目标相关。要有问题意识		
5 收集有效数据			
6 用拼贴法描述用户体验	您要求人们做的东西需要与具体使用情况相关	理想体验拼贴法专注于了解人们渴望的产品。感官线索拼贴法定义了理想事物	这些工具可以帮您了解用户的理想体验以及您正在设计的产品的细节
7 产品使用场景	描述使用的情况	尝试了解人们希望发生的事情和当下正在发生的事情	
8 开展研究工作	先导试验确保您能实现研究目标		
9 寻找大创意			将数据编码为情绪、效益、特征和感官线索等
10 讲好未来故事	回答了研究问题	讲述一个吸引人的关于理想未来的故事	将事物与所期望的体验可视化

严密	操作	可视
	感官线索是具体的	理想体验剖析的四个部分中的每一个都可以用图像来描述
		为可交付成果制订计划
如果选错了研究对象，您就会设计错误的产品。选择正确的研究的对象是成功研究的基础		
您的陈述方法很容易对访谈对象产生影响。在访谈过程中不要带入任何偏见		
研究是一个数据驱动的过程。不要把设计建立在不准确的数据上。笔记必须准确地反映您的研究中所发生的事情		
	感官线索是具体的	用图像来描述体验和产品
根据需要去捕捉背景中的数据	确定了情况和结果	讲述与产品使用背景有关的故事需要借助图片和视频。观察同样也是一种视觉行为
在收集数据之前完善您的计划，将研究过程流程化		
在数据中找出发生在多个参与者身上的模式，确保您的发现是有代表性的		在分析投射技术产生的数据时，您首先要确定拼贴材料的含义。将拼贴材料数据放在主题页上，有助于根据共同点来讲述故事
代表数据中的模式	以一种清晰和结构化的方式来描述研究结果	用意象吸引读者

章 / 节	简介	摘要
1 设计思维：聚焦用户需求	本节您会了解我们对设计思维过程的一些看法	定义价值，根据人们想要的东西来对团队进行调整。发挥您的创造力去解决以期望的体验为基础的问题。以体验式沟通的方式来进行原型设计。根据用户认为有价值的东西来衡量创意
定义价值：用户真正想要什么	做能够为您提供灵感的研究。客户认为有价值的东西才有研究价值。设计思维过程的每一阶段都有结构化的步骤。本书将帮助您熟悉这些步骤	利用结构化的流程定义价值。本书的其余部分都会以这一部分研究为基础
理想的体验研究	要知道用户最想要什么、最需要什么。您所做的研究应该是面向未来的、有远见的、可操作的	切身实地去思考您设计的产品是如何给人带来某种体验的
2 确立研究目标	正如我们在介绍部分所述，设计实验的目的是实现某项目标（如某项业务成果）。为了设计出能为用户带来良好使用体验的产品，您需要收集各类事物的信息。在这个过程中，您往往会遇到很多问题，如何解决这些问题就是您的研究目标	您在研究中将获得各式各样的信息，考虑哪类信息有助于您实现研究目标
明确研究方法	我们在本节介绍了几种获取所需关键信息的途径	每种研究方法都会产生特定类型的信息，而您的研究方法是依照研究问题来选择的
考量可交付成果	在研究结束时确定您想要讲述的故事类型	方法选择会影响创造的成果类型。在研究前就确定好预期的可交付成果，从所得信息中筛选有利信息

章 / 节	简介	摘要
3 确定参与标准	您首先要明确您产品的目标受众，即您设计的产品的用户是谁？研究对象的选择决定了研究结果的可靠性	不要在没有确定目标受众的情况下设计产品。在描述目标受众时需要考虑的关键因素有人口统计数据、品类参与度、态度或心态以及研究对象的表达能力等
创建筛选机制	您需要创建一个筛选机制，来确定某人是否为您产品的目标受众，以及是否为一位合格的研究参与者。只有熟悉您产品的人才懂得怎样分享他们过去的体验和改进产品的一些意见。只有选择合适的研究对象，才能保证您可以获取有用的信息	筛选机制是一种常用的工具。一个完善的筛选机制能够帮您进行市场调研，获取消费者的意见
找寻参与对象	构思一个合理计划来发现适合的研究对象	研究对象的选择是至关重要的，了解研究对象的意见是您设计产品的基础
4 制定访谈问题	向研究对象提出与研究目标有关的问题，提问要由浅入深，层层递进，步步深入	确保您提的问题与研究目标相关，有问题意识。了解访谈目的，并据此设定研究计划。提开放式的问题，不要带着预设提问，避免出现主试效应
创建访谈提纲	您需要打造一个结构化的访谈流程	利用访谈提纲组织访谈。确保您的问题之间有内在逻辑，便于访谈参与者理解。同时要在提纲中做好时间安排。这一提纲也可以在后续活动中继续使用
开展访谈活动	评分审核或自由讨论等方法是每个研究者在自身多次实践的基础上摸索出来的。这类方法可以在帮您有效获取数据的同时，还能扩大产品的知名度	最重要的一点是让研究对象感到放松。牢记一点：访谈提纲是研究计划，而不是一个脚本。您在进行访谈时要牢记研究目标，并针对具体情况进行调整。尽可能避免语言歧义，准备好时钟，保持对时间的掌控。做好自己

章/节	简介	摘要
5 将数据结构化	访谈结束之后，您将获得大量的访谈数据。如何收集、组织这些数据至关重要	提前做好收集和组织数据的计划
使用电子制表软件	Microsoft Excel 和 Google Sheets 等电子制表软件是设计研究时常用的工具	尽早学习使用电子制表工具，第九章也会提到这一点
做好相关记录	研究结束后，利用相关数据来讲述用户故事	一份完美的研究记录应该做到主题独立，内容与目标密切相关。做记录的同时您无须做评判，尽可能避免主试效应
6 了解拼贴应用	该应用可以捕获不同来源的信息	根据您的研究目标选择拼贴方法
为拼贴活动做准备	拼贴活动需要用到空白画布和拼贴材料	每种类型的练习都需要根据您的研究工作来定制不同的画布和拼贴材料
进行拼贴练习	组织人们参加拼贴活动并要求他们解释所创造的东西	调节问题对于每种方法有不同的侧重点，但它们可以使用类似的注释模板
7 情境访谈法	为了帮您了解产品的使用情境，我们在本节为您提供了几种最常使用的方法	记录关键瞬间和记录研究过程哪个更有意义？找到获得有效信息的最佳方式是自己动手，还是让参与者为您做？
熟悉记录手段	了解不同的记录方案，并计划您想讲述的故事	视频和照片是记录情境的重要手段。如果您不在场，可以让受访者使用自我记录工具，以此来获取关键信息
进行高效探究	观察法是数据的重要来源。在情境中捕捉数据需要提前进行规划	制定观察指南。提前确认好您所要记录的对象。设想一下怎么在情境中做笔记

章 / 节	简介	摘要
8 做好研究准备	不要低估事前准备的重要性	提前做好研究准备以消除可控误差
完成设备设置	在开始实地调查之前，列出您将要用的所有东西并仔细将其打包。尽可能地做到专业	在进行访谈研究之前，需要考虑用户的知情同意权、技术准备工作、数据采集方式以及所需材料。准备工作是研究开始前的主要关注点
规范研究流程	重复测试您的研究方法，以确保它的可行性	在正式进行研究并收集数据之前，对每一种研究方法都需要加以完善。将完善后的研究过程流程化以供后续重复使用
9 编码数据	将不同参与者的相似想法进行归类	代码描述了数据中的各种故事。创建和使用代码能够使您将相似的想法组合在一起
确定主题	对归类的想法进行分析概括	"主题"是占总数 25 % 及以上的参与者的共同见解。这是您后续用户故事的组成部分
综合主题	将分好类的想法编入不同的数据桶中	将主题纳入不同的数据桶中。删掉故事中不重要的部分，建立一个一页的框架
10 用户体验模型	将研究成果以框架的形式整理在一页纸上	在一页纸上介绍用户的理想体验
设计资料书	资料书作为一个可交付文件，展示了您在研究中获得的结论	书能让用户的理想体验变得生动直观
创建故事板	讲述未来故事	故事板介绍了产品为用户提供理想体验的过程